W0260233

Verlag von Julius Springer in Wien I.

In Verbindung mit den Büchern der Ärztlichen Praxis und nach den gleichen Grundsätzen redigiert, erscheint die Monatsschrift

Die Ärztliche Praxis

Unter steter Bedachtnahme auf den in der Praxis stehenden Arzt bietet sie aus zuverlässigen Quellen sicheres Wissen und berichtet in kurzer und klarer Darstellung über alle Fortschritte, die für die ärztliche Praxis von unmittelbarer Bedeutung sind.

Der Inhalt des Blattes gliedert sich in folgende Gruppen:

Originalbeiträge: Diagnostik und Therapie eines bestimmten Krankheitsbildes werden durch erfahrene Fachärzte nach dem neuesten Stand des Wissens zusammenfassend dargestellt.

Fortbildungskurse: Die internationalen Fortbildungskurse der Wiener medizinischen Fakultät teils in Artikeln, teils in Eigenberichten der Vortragenden. Das Gesamtgebiet der Medizin gelangt im Turnus zur Darstellung.

Seminarabende: Dieser Teil gibt die Aussprache angesehener Spezialisten mit einem Auditorium von praktischen Ärzten wieder.

Neuere Untersuchungsmethoden: Die Rubrik macht mit den neueren, für die Praxis geeigneten Untersuchungsmethoden vertraut.

Aus neuen Büchern: Interessante und in sich abgeschlossene Abschnitte aus der neuesten medizinischen Literatur.

Zeitschriftenschau: Klar gefaßte Referate sorgen dafür, daß dem Leser nichts für die Praxis Belangreiches aus der medizinischen Fachpresse entgeht.

Der Fragedienst vermittelt jedem Abonnenten in schwierigen Fällen, kostenfrei und vertraulich, den Rat erfahrener Spezialärzte auf brieflichem Wege. Eine Auswahl der Fragen wird ohne Nennung des Einsenders veröffentlicht.

Die Ärztliche Praxis kostet **im Halbjahr zurzeit Reichsmark 3,60** zuzüglich der Versandgebühren.

Alle Ärzte, welche die Zeitschrift noch nicht näher kennen, werden eingeladen, Ansichtshefte zu verlangen.

Innerhalb Österreich wird die Zeitschrift nur in Verbindung mit den amtlichen „Mitteilungen des Volksgesundheitsamtes“ ausgegeben.

KOSMETISCHE WINKE

VON

PROFESSOR DR. OTTO KREN
WIEN

MIT 14 TEXTABBILDUNGEN

WIEN UND BERLIN
VERLAG VON JULIUS SPRINGER
1930

ALLE RECHTE, INSBESONDERE DAS DER ÜBERSETZUNG
IN FREMDE SPRACHEN, VORBEHALTEN.
COPYRIGHT 1930 BY JULIUS SPRINGER IN VIENNA.

ISBN 978-3-7091-3183-1 ISBN 978-3-7091-3219-7 (eBook)
DOI 10.1007/978-3-7091-3219-7

Vorwort.

Vorliegendes Büchlein soll keinesfalls erschöpfend jene Behandlungsmethoden darstellen, die wir mit Vorteil bei kosmetisch störenden Hautaffektionen verwenden; es sind lediglich Winke für den allgemein praktizierenden Arzt gegeben; es ist ein Fordernis der heutigen Zeit, daß er auch über diese Therapie orientiert ist. Es sind deshalb auch nur jene Behandlungsarten genannt, die mit einfachen Mitteln durchgeführt werden können. Wenn auch die Therapie mit ultravioletten Strahlen, mit elektrischen Apparaten (Elektrolyse, Galvano- und Kaltkaustik) und die Kohlensäureschnee-Behandlung mit zu den einfachen Mitteln gezählt werden, so ist das deswegen geschehen, weil elektrische Kraft heute fast überall zu finden ist und sich jeder moderne Arzt vielfach ihrer bedient. Auch Kohlensäure wird von verschiedenen Lebensmittelhändlern benützt und ist deswegen auch für die meisten Ärzte leicht erreichbar.

Röntgen, Radium und Buckys Grenzstrahltherapie, sowie größere chirurgische Eingriffe sind aus oben genannten Gründen unbesprochen geblieben. Ihre Anwendung ist nur angedeutet worden.

Möge das Büchlein in dem Sinne gewertet werden, in dem es geschrieben ist.

Wien, im Dezember 1929.

Otto Kren.

Inhaltsverzeichnis.

Allgemeines zur kosmetischen Behandlung.

Aufgabe einer kosmetischen Behandlung ist es, nicht nur kosmetisch störende Hautleiden zu beseitigen, sondern vor allem möglichst schöne Resultate zu erzielen. Eine weitere Sorge des Kosmetikers muß es sein, die Behandlung derart zu gestalten, daß der Patient auch während der Behandlung und durch sie nicht zu sehr gestört werde. Wenn das auch stets das Streben des behandelnden Arztes sein soll, so sieht man doch noch Impfnarben an den Oberarmen, Pigmentationen nach Hautreaktionen (Pirquet, Mantoux) oder nach gewissen Behandlungen (Ponndorf) an frei getragenen anstatt an bekleideten Körperstellen. Man sieht immer noch Operations- und Inzisionsnarben, die auf Eingriffe hinweisen, die ohne Rücksicht auf Ort und Spaltrichtung der Haut ausgeführt worden sind. Besonders die heutige Zeit fordert aber die größte Rücksicht in kosmetischer Hinsicht.

Es sei deshalb in dieser Richtung und auch bezüglich mancher Behandlungsarten hier einiges Allgemeines vorausgeschickt, bevor auf die spezielle Therapie gewisser Hautleiden eingegangen wird.

Die Behandlung kosmetisch störender Affektionen wird auf medikamentösem, physikalischem und chirurgischem Wege durchgeführt.

Medikamentöse Mittel.

Schon bei der medikamentösen Behandlung soll man auf gewisse, sich oft einstellende Effekte achten. Vor allem gibt es viele Menschen, die auf eine Salbenbehandlung, d. h. auf Fett im Gesichte mit Dermatitiden antworten. Das tritt umso leichter ein, wenn die Salben Präparate beinhalten, die an und für sich die Haut leicht reizen; dazu gehören Schwefel, Resorzin und Quecksilber u. a. Man mache es sich deshalb zum Prinzip, im Gesichte statt der Salben stets Pasten — am besten die

Pasta Zinci oxydati — als Vehikel für die nötigen chemischen Agentien zu verwenden. Sollte auch diese nicht vertragen werden, so kann das zwei Gründe haben. Entweder reizt das Vaselin, mit dem die Zinkpaste bereitet worden ist, dann ersetze man das Vaselin durch Unguentum simplex, so daß man verordne:

Rp. Zinci oxydati, Talci Veneti āā 10.0, Ung. simpl. 20.0; M. F. pasta; S. Zinkpaste. (Unguentum simplex besteht aus 4 Teilen Axungia porci und 1 Teil Cera alba.)

Oder es reizt das Fett als solches. Dann lasse man es ganz weg und wähle statt der Zinkpaste die sogenannte Pasta Zinci mollis zur Grundlage. Diese setzt sich wie folgt zusammen:

Rp. Ol. lini, Aquae calcis āā 9.0; M. F. linimentum; Adde Calc. carbon. praec., Zinci oxydati subt. pulv. āā 6.0; M. exactissime; F. pasta mollis.

Man kann auch Pasta Zinci mollis mit Pasta Zinci oxydati zu gleichen Teilen zur sogenannten Pasta Zinci composita mischen. Einer eventuell zu starken Austrocknung kann man eher mit zwischendurch vorgenommenen, kurz einwirkenden Einfettungen mit Ung. simplex begegnen. Alle Pasten trage man ganz dünn auf und bedecke sie nicht mit Puder, weil Puder eine noch weitere Austrocknung bedingt. Die ganz fettlose Schüttelmixtur (Trockenpinselung).

Rp. Zinci oxyd. subt. pulv., Talc. Veneti āā 20.0, Glycerini 15.0, Aquae destill. 30.0

hat den Nachteil, daß sie nur schwer, eigentlich nur mit warmem Wasser entfernt werden kann, was nicht immer zuträglich ist. Man vergesse nicht, daß kosmetische Behandlungen oft nur nachts durchgeführt werden können, während am Tage der kosmetische Schaden kaschiert werden muß. Es ist deswegen oft nötig, die nachts verwendeten Mittel bei Tag zu beseitigen.

Hier sei auch einiges über die Cremes gesagt. Über ihre Verwendung später. Praktisch unterscheiden wir fettreiche Pomaden, fettarme und fettfreie Cremes. Obzwar die Fabriken zahllose solcher Pomaden, Salben und Cremes oft sogar in ganz vorzüglicher Qualität herstellen, so seien doch einige Rezeptformeln angegeben, die es auch dem fernab praktizierenden Arzte und Apotheker ermöglichen, Magistraliter-Verordnungen zu verwenden. Die Zubereitung aller dieser Cremes wird dem Apotheker stets gewisse Schwierigkeiten bereiten, da ihm zumeist die maschinellen Einrichtung des Parfümeurs fehlen. Es seien deshalb auch die Bereitungsarten der Cremes hier angegeben und nur solche Zusammensetzungen gewählt, die relativ leicht herstellbar sind. Für alle diese Präparate sind nur erstklassige Ingredientien zu gebrauchen; es darf nur mit Benzoe-Säure gereinigtes Wachs verwendet werden, eventuell beigegebenes Vaselin muß absolut petroleumfrei sein. Borax darf zumeist als Konservierugsmittel nicht fehlen. Alle die Cremes benötigen des Wachs- und Stearingeruches wegen eine geringe Zugabe von Parfüm, der am Ende der Zubereitung der Cremes, knapp vor dem Erkalten, einzurühren ist.

Als wasserlose, fette Wachspomade ist zu empfehlen:

Rp. Cetacei 10.0, Olei vaselini, Cerae albae āā 15.0.

(Bereitungsweise: Man schmilzt die Substanzen im Wasserbad oder in mit Dampf geheizten Kesseln zusammen und rührt bis zur völligen Bindung. Schmelzen über freiem Feuer ist zu vermeiden. Richtig gemacht, ergibt sich eine ziemlich konsistente, sehr fette wachsähnliche Pomade.)

Etwas weniger, aber immer noch stark fettend, ist eine emulgierte Cold-Cream mit Stearin-Zusatz.

Rp. Cerae albae 5.4, Cetacei 3.0, Olei vaselini 17.3, Aq. destill. 7.2, Stearini 4.3, Natr. benzoic. 0.1, Natr. borac. 1.0.

(Bereitungsweise: Man schmilzt Cera, Cetaceum und Stearin mit Vaselin-Öl und fügt die heiße Borax-Benzoe-Wasserlösung unter gutem Rühren hinzu. Die Prozedur geht im Wasserbad oder auch auf dem Feuer vor sich. Wenn alles gut verteilt ist, nimmt man das Gemisch vom Feuer und rührt unter Kühlung bis zum Erkalten der Masse.)

Als Flüssigkeiten gut aufnehmende, fette Lanolinpomade sei folgende empfohlen:

Rp. Lanolini anhydrici 20.0, Olei vaselini 6.0, Paraffini solidi 2.0, Aq. rosar. 8.0, Natr. boracici 0.4.

(Bereitungsweise: Die Fette werden im Wasserbad erwärmt, — nicht geschmolzen —, gut verrührt, die heiße Borax-Wasserlösung wird allmählich zugeführt und weiter bis zum Erstarren gerührt.) Die Pomade ist als Lippensalbe gut verwertbar.

Weniger fettet die Cold-Cream nach Idelson.

Rp. Cetacei 7.5, Cerae albae 13.5, Vaselini albi 54.0, Natr. borac. 1.2, Aq. rosar. 18.0.

(Bereitungsweise: Man schmilzt Cetaceum, Vaselin und Cera zusammen, gibt das Fettgemisch in eine angewärmte, weithalsige Flasche und gießt das Rosenwasser, in dem das Natrium boracicum vorher gelöst worden ist, hinzu. Das Gemisch wird bis zur Bindung tüchtig geschüttelt.)

Schließlich sei noch eine fettfreie, gut erweichende Creme genannt, die eigentlich eine saure Seife darstellt und große Mengen Glyzerin enthält. Bei ekzematöser Haut ist diese Creme wegen des hohen Glyzeringehaltes nicht verwendbar. Ihre Zusammensetzung ist folgende:

Rp. Stearini 9.0, Kalii carbon. 0.9, Aq. destill. 80.0, Glycerin 42.5, Natr. borac. 0.5.

(Bereitungsweise: Wasser, Borax, Pottasche und Glyzerin werden zusammen bis zum Sieden erhitzt. Gleichzeitig schmilzt man das Stearin, das geschmolzen in kleinen Mengen langsam zur siedenden Karbonatlösung hinzugegeben wird. Es tritt sofort eine stürmische Kohlensäure-Entwicklung ein. Das Gemisch wird nun so lange fort gerührt, bis die Gasentwicklung aufhört. Dann kann die nächste Portion Stearin hinzugesetzt werden und so fort. Das Gemisch wird schließlich im Wasser kalt gerührt. Die Masse ist eine weiche, schneeweiße, ungemein leicht verreibbare, nicht fettende Creme. Ihre Konsistenz kann durch etwas Cetaceum-Zusatz leicht erhöht werden.) — Man kann auch Glyzerin fortlassen und Kalium carbonicum durch Ammoniak ersetzen.

Rp. Stearini 7.5, Natr. borac. 0.2, Ammoniak 3.0, Aq. destill. 39.3.

Die Creme trocknet aber ziemlich stark aus und muß oft erneuert werden.

Vorstehende Rezepte und Verarbeitungsvorschriften sind durchgeprobt und als verläßlich und gut verwendbar zu empfehlen. Sie sind dem Handbuch der gesamten Parfumerie und Kosmetik von Dr. Fred Winter (Verlag Julius Springer in Wien, 1927) entnommen.

Um kleine kosmetische Mängel tagsüber dem Auge der Umgebung zu entziehen, werden vielfach Puder verwendet, die der bessern Haftung wegen mit geringen Mengen indifferenten Fettes unterlegt werden. Die Puder sollen aus feinsten Pulvern zusammengesetzt, leicht fetthältig sein und der Hautfarbe der Trägerin entsprechen. Es ist stets am besten, sich irgendwelcher Fertig-Puder zu bedienen, da solche Toiletteartikel wie auch die verschiedenen Cremes von den Parfumeuren besser erzeugt werden können, als von den Apothekern. Die bekannten Puder sind alle in ihrer Zusammensetzung unschuldig. Wünscht trotzdem eine Dame einen frisch zubereiteten Puder, so verordne man einen nach ungefähr folgender Verordnung:

Rp. Zinci stearinici 12.0, Zinci oxydati subtil. pulv. 4.0, Talci Veneti opt. 16.0, Magnesiae levissim. 8.0, Ol vaselini 0.4; **M. f. pulv.**; S. Puder.

Zur Färbung füge man etwas Bolus ruber, Ocker und Umbra, je nach der Hautfarbe, zu, beispielsweise 1.0 Farbstoff auf 100.0 Puder. Parfum ist eine individuelle Angelegenheit.

Bei der Wahl einzelner Mittel denke man stets an ihre chemische Veränderung, die sie durchmachen können. So sind Resorzin und β-Naphthol in lichtreichen Zeiten im Gesichte niemals am Tage anzuwenden, denn sie färben die Haut schmutzig-graubraun, eine Verfärbung, die sich allmählich einstellt und nur mit der Abstoßung der Hornschicht schwindet; man verwende also Resorzin oder β-Naphthol auf Gesicht und Händen nur Nachts und ersetze sie am Tage durch einen höheren Perzentsatz von Acidum salicylicum. Außerdem sei hier daran erinnert, daß Resorzin und β-Naphthol in wässeriger oder alkoholischer Lösung auf Wäsche, Klinkerböden, usw. Flecken verursachen, die nicht mehr entfernbar sind. Mancher Badezimmerboden ist durch Verwendung eines Resorzin-Haarspiritus dauernd fleckig.

Durch hintereinander oder gar gleichzeitig durchgeführte Behandlungen von Schwefel und Quecksilber oder von Schwefel und Blei oder Bismuth, entstehen chemische Verbindungen, die von schwarzer Farbe sind. Man bedenke das und verordne nicht gleichzeitig Schwefelseifenwaschungen und Quecksilber-Pasten, oder Quecksilber-Bismuth-Pasten und Schwefelpuder oder Schwefelseife und Emplastrum saponatum salicylicum. Man denke auch an diese chemischen Verbindungen, wenn man gezwungen ist, die Nagelplatten mit Salizylseifenpflaster oder mit Diachylon zu bedecken; es entstehen durch den Schwefelgehalt der Nagelplatte dieselben Braunfärbungen wie bei Sublimatbädern. In solchen Fällen schütze man die Nagelplatte mit Staniolpapier.

Im Gesichte entstehen bei gleichzeitiger oder rasch hintereinander durchgeführter Verwendung von zwei solchen chemisch sich verbindenden Substanzen meistens in den Poren schwarze Punkte, den Komedonen ähnlich, da naturgemäß in den Poren die Substanzen länger liegen bleiben als auf der Oberfläche des Integumentes.

Bei der medikamentösen Behandlung soll auch nicht unerwähnt bleiben, daß Lapisierungen an freigetragenen Körperstellen zu vermeiden sind, man kann sie durch 5%iges Resorzinglyzerin ersetzen. Das gilt für gewisse, mit Rhagaden einhergehende Ekzeme der Mundwinkel oder des Introitus nasi. Ebenso läßt sich die Tinctura jodi durch 5—8%igen Salizyl-Spiritus ersetzen.

Einige Worte seien noch den allerdings selten gebrauchten Pflastern gewidmet. Es ist bekannt, daß auch die im allgemeinen reizlosesten Pflaster mitunter Dermatitis erzeugen; es gibt kein Pflaster, das jeder verträgt. Meistens sind es die Klebemittel allein schon, die den Pflastern beigegeben sind und auf zarterer Haut Entzündungen hervorrufen. Wenn auch manche Pflaster auf verdickter Hornschicht, wie Schwielen, gut vertragen werden, so wird z. B. die Gesichtshaut schon nach 2—3 Tagen erheblich irritiert. Bei weiterer Applikation ist dann eine Dermatitis die Folge. Da speziell das 10%ige Salizyl-Seifenpflaster in der kosmetischen Behandlung des öfteren benötigt wird, sei hier erwähnt, daß das nach der Pharmacopoea Austriaca VIII, also offizinell hergestellte Emplastrum saponatum salicylicum infolge seines hohen Kampferölgehaltes, im Gesichte appliziert, fast immer eine unerwünschte Entzündung erzeugt. Man lasse sich dementsprechend ein nicht Haut irritierendes Emplastrum saponatum salicylicum 10% nach folgender Vorschrift herstellen:

Rp. Axungiae porci, Ol. sesami, Plumbi oxydati āā 25.0, Empl. plumbi simpl. 75.0, Cerae albae 15.0, Sapon. medic. 7.0, Acidi salicyl. 10.0, Colophonii 1.0; M. f. emplastrum; Extende supra pannum.

Dieses Pflaster hat keine besondere Klebekraft. Soll es gut haften, schneide man es nie als gerade Streifen, in rechteckige oder quadratische Formen, sondern stets als runde, sichelförmige Streifen, die man radiär einkerbe. (Abbildung 14.) Ein wenig warm gemacht, mit Watte bedeckt und zirka $^1/_2$ Stunde niedergebunden, haftet es meistens genügend.

Häufig verwenden wir Seifen.

Von Ätzmitteln werden nur Trichloressigsäure und Karbolsäure gebraucht, auch die nur in den seltensten Fällen. Trichloressigsäure hält man in Kryställchen in gut verschlossenen Fläschchen; sie ist hygroskopisch. Zum Gebrauche löse man einen Krystall in einem Tropfen Wassers. Bei Einwirkung auf die Haut entsteht als Verätzungseffekt ein weißlicher Fleck, der in einigen Tagen dunkelbraun, als trockene Schuppe abgestoßen wird. Karbolsäure wird als Acidum carbolicum liquefactum benützt. Die Einwirkung erfolgt nach Entfettung der Haut. Die nach kurzer Karboleinwirkung entstehende, weißliche Verschorfung wird mit Spiritus vini conc. neutralisiert. Nach Tagen löst sich der oberflächliche Ätzschorf als Schuppe ab.

Physikalische Mittel.

Die physikalischen Heilmethoden nehmen mit der Zeit eine immer größer werdende Breite an. Hier ist vor allem die Behandlung mit Kohlensäureschnee zu nennen; sie bezweckt eine lokale Erfrierung. Kohlensäure ist heute in den meisten größeren Orten schon erhältlich. In großen Städten gibt es Fabriken, die Sauerstoff und Kohlensäure erzeugen, in kleineren sind es die Fleischer und Sodawassererzeuger, die Kohlensäure zu ihrem Gewerbe benötigen. Wem die üblichen, 10 Kilo haltenden Bomben zu groß sind, der erwerbe eine 2-Kilo-Bombe und lasse sie in der nächsten Stadt mit Kohlensäure füllen. 2-kg-Bomben liefert z. B. die Firma Sartorius in Göttingen.

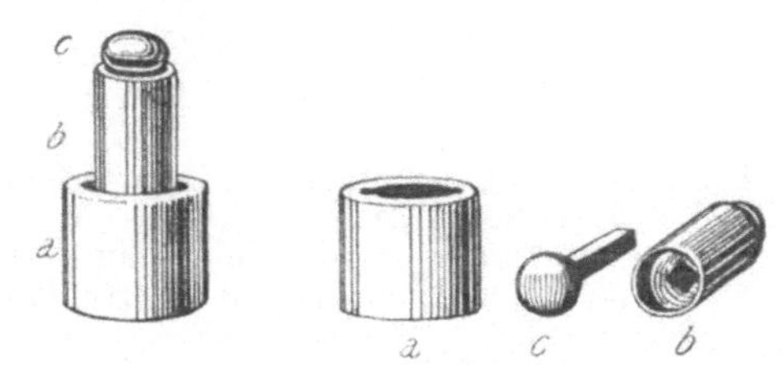

Abbildung 1. Apparat zur CO_2-Behandlung.

Abbildung 2. Derselbe Apparat, in seine drei Teile zerlegt.

Man verlange Bomben mit 6- oder 8eckigen Verschlußstücken, da solche mit einem Schlüssel leicht zu öffnen und gut schließbar sind, während runde Verschlußstücke unhandlich sind. Zur Entnahme des Co_2-Schnees bediene man sich kleiner Apparate, wie sie verschiedentlich zu bekommen sind. In Wien erzeugt einen kleinen, billigen Apparat die Firma Kutill & Comp., IX., Spitalgasse 7; er besteht (Abbildung 1 und 2) aus 3 Teilen, 2 Auffanggefäßen *a* und *b* und einem Stempel *c*. Die Art der CO_2-Entnahme aus der Bombe zeigt die Abbildung 3. Dabei ist die Bombe, nachdem das kleine seitliche Verschlußstück über der Abschlußöffnung abgenommen worden ist, am besten vertikal nach abwärts gerichtet. Ist das Auffanggefäß *b* mit untergestelltem Gefäß *a* mit CO_2-Schnee gefüllt, so stampft man den CO_2-Schnee mit dem

Stempel *c* fest. Gefäß *b* und Stempel *c* sind vereinigt zur Applikation des CO_2-Schnees zu verwenden. Durch den Stempel *c* wird der CO_2-Schnee in dem Kanal des Gefäßes *b* vorgedrückt, mittels eines Metallspatels je nach der Form des zu behandelnden Affektes geformt (Abb. 4) und dann zur Applikation benützt. Die Behandlung erfolgt unter leichtem Druck des CO_2-Stiftes senkrecht auf die zu behandelnde Stelle (Abbildung 5). Wie lange die Applikation währt, hängt von der Stelle der Erkrankung, der Zartheit der jeweiligen Hautstelle und der Art des Krankheits-Affektes ab. Daß die kindliche Haut des Handrückens rascher unter den tiefen Kältegraden des OC^2-Schnees erstarrt als die Fuß-Sohle eines Erwachsenen, braucht kaum betont zu werden. Ebenso reagiert die zarte Unterlidhaut mit dem locker gefügten Bindegewebe eher als die Haut des Handrückens. Diese Dinge müssen bei der Behandlung berücksichtigt werden. Jedenfalls soll die CO_2-Schnee-Behandlung eine Exsudation der obersten Hautschichten bis zur schlappen oder prall gefüllten Blase erzielen, niemals aber eine Nekrose der Kutis.

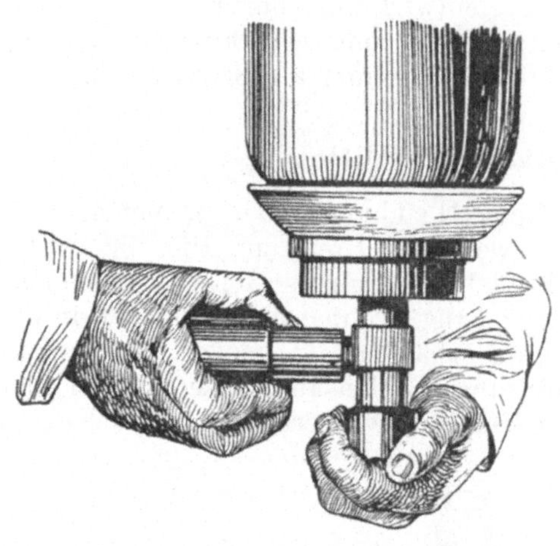

Abbildung 3. CO_2-Entnahme. Die rechte Hand drückt die Teile *a* und *b* des Apparates an die Bombe an, die linke Hand öffnet den 2. eigentlichen Bomben-Verschluß.

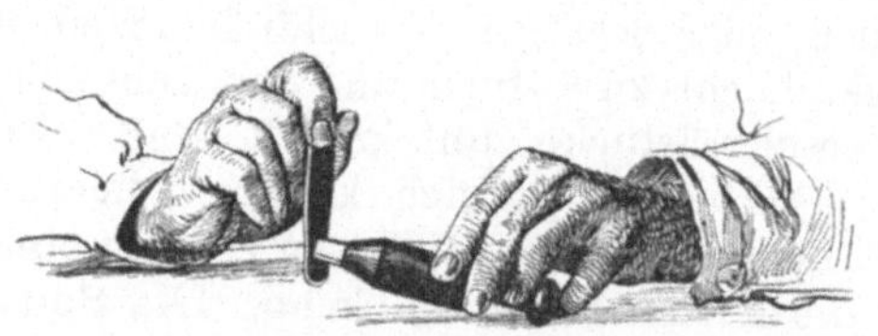

Abbildung 4. Formen des CO_2-Stiftes mittels des Metall-Spatels.

Die einzelnen Zeiten für verschiedene Erkrankungen werden im speziellen Teile annäherungsweise angegeben werden.

Die lokale Erfrierung verursacht geringe Schmerzen, die nach dem Orte der Erkrankung verschieden sind. Die Fingerkuppen sind infolge des Reichtums an sensiblen Nerven sehr empfindlich, der Stamm ist es im allgemeinen viel weniger.

Die Blasenbildung durch CO_2-Schnee setzt nach einigen Stunden ein, nach wenigen Tagen ist der Blaseninhalt wieder resorbiert, die Blasendecke legt sich der Blasenbasis an und nach 12 bis 16 Tagen stößt sich die Blasendecke spontan oder unter leichter Nachhilfe ab. Die darunterliegende Haut ist anfangs noch rosarot und erreicht erst in einigen Tagen ihr normales Aussehen wieder.

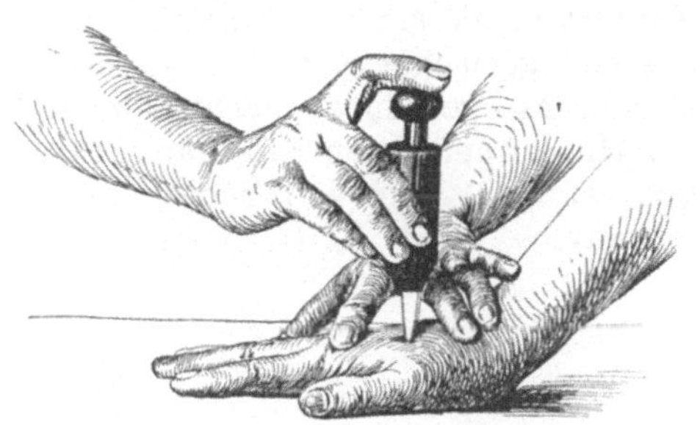

Abbildung 5. CO_2-Schnee-Applikation.

Hat man mit CO_2-Schnee-Behandlung nicht vollen Effekt erzielt, so wird erst nach Abstoßung der Blasendecke und gänzlichem Abklingen der ersten Erfrierungsreaktion eine zweite gleiche, aber meistens geringer dosierte Behandlung durchgeführt. Niemals mache man sie vor dieser Zeit, weil sich sonst die Reize der beiden Behandlungen summieren, so daß eine weit über das Notwendige hinausgehende Erfrierungswirkung erfolgt.

Der CO_2-Schnee eignet sich für viele kleine Eingriffe. Man entfernt damit Hyperkeratosen, verschiedene in der Oberflächenschichte des Dermas liegende Veränderungen, Pigmentierungen, Gefäßanomalien und manches andere. Die durch CO_2-Schnee entstandenen Erfrierungen haben den Vorteil, bei richtiger Anwendung narbenlos abzuheilen, was gegenüber älteren Methoden besonders bei Entfernung von Hyperkeratosen und Gefäßneubildungen einen großen Fortschritt bedeutet.

Der Kälte-Applikation steht die Kaustik, die Verwendung großer Hitzegrade gegenüber. Wer elektrischen Strom und Kaustik zur Verfügung hat, verwende zu kleinen, kosmetischen Eingriffen den Unnaschen Mikrobrenner (Abbildung 6), eine kleine Platinschlinge, die mäßig erhitzt, für die Zwecke der Kosmetik heiß genug ist. Für manche Behandlungen genügt auch der Wirzsche Nadelbrenner (Abbildung 7), der nur wenig erhitzt wird. Er wirkt nur durch die ihn umgebende, fortgeleitete Hitze und eignet sich besonders gut zur Koagulation kleinster Gefäßchen, die damit thrombosieren und veröden. Wer keinen elektrischen Strom zur Verfügung hat, kann einen allerfeinsten, allerspitzigsten Paquelin verwenden. Für noch feinere Hitze-Einwirkungen genügt vielleicht auch eine in der Spirituslampe glühend gemachte, armierte Stecknadel. Um bei all diesen Verbrennungs-Prozeduren nachträgliche Narben zu vermeiden, muß die Hitze-Applikation nur ganz kurze Zeit und ganz oberflächlich erfolgen; man soll lieber zweimal behandeln als einmal zu intensiv.

Abbildung 6. Unnascher Mikrobrenner.

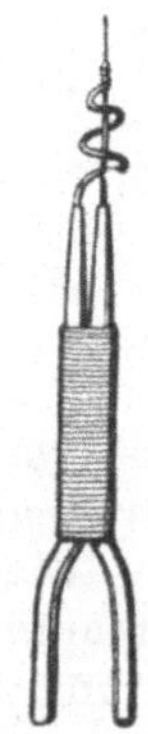

Abbildung 7. Wirzscher Nadelbrenner.

Abbildung 8. Elektro-koagulationsnadel.

Abbildung 9. Elektrolysenadel.

Der Kaustik steht die Elektro-Koagulation mit dem Diathermie-Apparat gegenüber. Nicht jeder praktische Arzt hat einen solchen Apparat zur Verfügung; er ist auch zur kosmetischen Behandlung allein nicht absolut notwendig; manches, was er leistet, ist mit Elektrolyse, also mit dem Galvanisationsstrome erreichbar. Hat sich aber jemand entschlossen, einen Diathermie-Apparat anzuschaffen, dann begnüge er sich nicht mit einem kleinen Apparate, der sich nur zur Elektro-Koagulation allein eignet, sondern kaufe besser sofort einen großen, der alles leistet, was Diathermie zu leisten vermag. Die Mehrauslage macht sich durch die Möglichkeit bezahlt, auch alle die physikalischen modernen Behandlungs-Methoden innerer Erkrankungen durchführen zu können.

Für die Arbeit aus kosmetischem Gebiete kommt man allerdings mit Elektro-Koagulation allein aus, wenn man auf die neueste Durchwärmung alternder Gesichtshaut verzichtet. Diese Art der Behandlung, die angeblich Gesichtsfalten beseitigen soll, ist aber noch viel zu wenig durchgearbeitet und erprobt, um empfohlen werden zu können. Es ist mehr als wahrscheinlich, daß dieser Versuch der Verjüngung den Weg anderer Verjüngungsversuche gehen wird.

Aber die Möglichkeit, Krankheitsveränderungen auf dem Wege der Elektro-Koagulation narbenlos oder mit kaum sichtbaren Narben zu beseitigen, stellt eine Bereicherung unseres Könnens dar. Man wähle für die Elektro-Koagulation kleinerer Fibrome, Naevi und ähnlicher Geschwülstchen nur schwache Ströme. Ob man einpolig oder zweipolig arbeitet, hängt vom Apparate ab. Die Behandlung wird für Zwecke der Kosmetik mit dünnen, spitzigen N a d e l n durchgeführt (Abbildung 8), die mit einem entsprechenden Hartgummigriffe armiert sind. Vorteilhaft ist am Griff ein Unterbrecher angebracht. Man schiebt am besten die Nadel ohne Strom in das Geschwülstchen ein und schließt auf einige Sekunden den Strom. Die Wirkung der Elektro-Koagulation geht von der Nadelspitze aus. Je länger und je stärker der Strom ist, desto größer ist der Aktionsradius der Koagulation. Niemals soll dieser Aktionsradius so groß sein, daß er die obere Haut erreicht, die dann sofort weiß wird und später zerfällt; der Effekt wäre eine Narbe.

Will man ohne Unterbrecher arbeiten, so kann man auch gewöhnliche Elektrolyse-Nadeln (Abbildung 9) in die zu koagulierende Stelle einstechen und diese Nadeln mit dem Koagulationsstrome auf einige Sekunden in Berührung bringen. Die einzelnen Koagulationsnekrosen sollen niemals so eng nebeneinanderstehen, daß die Zerstörungszonen im Derma konfluieren, da so eine tiefe Narbe entsteht, die schließlich doch als eine Einsenkung sichtbar wird. Dies gilt für kleine Naevi, Fibrome, kurz für kleine Geschwülstchen ebenso, wie für die im Folgenden zu besprechende Epilation mittelst Elektro-Koagulation.

Bei der geschilderten Art der Elektro-Koagulation ist es verständlich, daß nur ein kleiner Teil des behandelten Geschwülstchens zerstört wird. Erst wenn diese Nekrose in der Tiefe resorbiert ist (in 14—20 Tagen), darf eine zweite gleiche Behandlung vorgenommen werden. Das Geschwülstchen wird immer kleiner und kleiner, bis es verschwindet.

Da die zerstörende Stromwirkung vor allem an der Nadelspitze einsetzt, so ist es erklärlich, daß jede Nadelberührung mit dem geschlossenen Diathermiestrom ein kleines Närbchen setzt. Einzelne solcher Närbchen sind kaum sichtbar; sind ihrer viele nebeneinander, so ist die Wirkung unschön. Führt man aber eine feinste elektrolytische Nadel (Abbildung 9) ohne Strom ein, so bekommt man in der Tiefe eine Zerstörung und Narbe, die dem Auge nicht sichtbar wird. Deshalb eignet sich diese Art der Behandlung besonders für die Epilation, d. h. für die narbenlose dauernde Entfernung unerwünschter Haare. Die Durchführung geschieht auf folgende Weise: In Abständen von 5—6 Millimetern führt man in jeden Follikel, der ein unerwünschtes Schafthaar sprossen ließ — denn nur solche kommen in Frage — eine feinste, mit Alkohol gereinigte Nadel (Abbildung 9), auch feinste Insekten-Nadeln oder Pearl-Nadeln, so ein, daß die Nadelspitze der Tiefe der Haarpapille entspricht. Man kann so je nach der Größe des zu behandelnden Areales 20 bis 30 Follikeln mit Nadeln belegen, jedoch sollen die einzelnen Nadeln in Abständen von zirka 5 Millimetern in die Follikel versenkt werden, damit die folgenden kutanen Nekrosen nicht konfluieren. Dann berührt man mit einem schwachen Koagulationsstrome jede Nadel einige Sekunden. Ist die Haarpapille richtig getroffen und genügend zerstört, so folgt das Haar nach Entfernung der Nadel dem leichtesten Zuge der Epilationspinzette und ist dauernd entfernt. Naturgemäß ist bei schwarzen Haaren ein besserer Erfolg zu erzielen als bei blonden, weil sie besser den Follikeltrichter erkennen lassen.

Ist eine Nadel zu wenig tief in den Follikel eingeschoben worden, so daß die Nadelspitze noch im Haartrichter sitzt, anstatt in der Papille, so kommt es zur Hautnekrose und Hautnarbe ohne Epilations-Effekt.

Ähnliche, aber zartere Närbchen verursacht die elektrolytische Behandlung, zu der allerdings ein Galvanisationsstrom genügt. Hier kommt es zur Verkochung des Gewebes entlang des ganzen in die Haut eingesenkten Nadelteiles. Zur Verwendung kommen Nadeln, wie sie Abbildung 9 zeigen. Es sind allerfeinste Stahlnadeln, die vor und nach jeder Verwendung gut mit Alkohol gereinigt werden müssen, wenn sie rein und rostfrei bleiben sollen.

Die Elektrolyse wird derart vorgenommen, daß der Patient mit dem positiven Pole des Galvanisationsstromes verbunden wird, während der negative Pol mit der Nadel (Abbildung 9) armiert zur Zerstörung des betreffenden Gebildes dient. Man sticht die Nadel stromlos ein, schleicht sich mit dem Strome allmählich auf 1—1½ oder 2 Milli-Ampère und läßt diesen negativen Strom so lange durch das zu zerstörende Gebilde durchgehen, bis es anämisch wird. Dann schleicht man sich mit dem Strome wieder aus. Rasch erfolgendes Strom-Schließen und Strom-Öffnen schmerzt. Die wenige Minuten nachher auftretende leichte Rötung und Schwellung verschwindet nach ca. ½—1 Stunde wieder. Der behandelte Knoten wird nach Ablauf der elektrolytischen Auswirkung in seinem Umfang kleiner, er schrumpft durch die Zerstörung in seinem Innern zusammen. Nach zirka 14 Tagen kann die Behandlung wiederholt und solange fortgesetzt werden, bis der Knoten ins Niveau der Haut gesunken ist.

Verkochung und Zerstörung erfolgt bei dieser Behandlung entlang der ganzen Nadel. Es entstehen deshalb Narben. Je schwächer aber der verwendete Strom, je kürzer die jeweilige Behandlungszeit, desto weniger sichtbar sind die Närbchen.

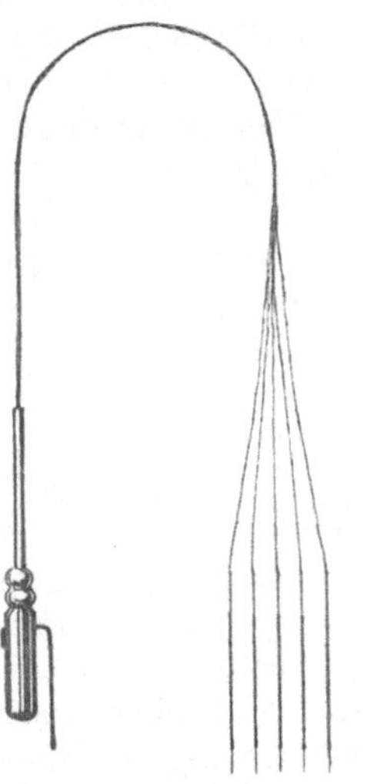

Abbildung 10. Kromayersches Epilationsbesteck mit isolierten Nadeln.

Diese Methode eignet sich auch zur Schafthaar-Entfernung, jedoch sind die Närbchen, entsprechend den mehr oder weniger dichtstehenden Haarbeständen, in ihrer Menge schließlich deutlich sichtbar. Deswegen hat Kromayer für diese Zwecke ein Epilationsbesteck (Abbildung 10) erdacht, das die Nadeln bloß an der Spitze wirksam macht, während der übrige Teil mit Isolierlack überzogen ist; das Besteck hat fünf Nadeln. Bei aller Güte dieser Nadeln springt aber der Isolierlack bald ab und dann muß das nicht gerade billige Nadelbesteck durch ein neues ersetzt werden.

Viel häufiger kommt der praktische Arzt in die Lage, die Quarzlampe, resp. die Höhensonne zu verwenden. Für sie gibt es speziell in der internen Medizin so viele Indikationen, daß es nur wenige Ärzte mehr gibt, die keine Höhensonne besitzen. Natürlich muß elektrischer Strom vorhanden sein. Die

Handhabung der Höhensonne ist sehr einfach und bald erlernt. Man setze, wenn nicht nötig, keine Lichterytheme und decke niemals die Umgebung mit Ausnahme der Augen ab; die scharfrandigen, schließlich doch entstehenden Pigmentierungen wirken unschön, besser gesagt störend. Auch für die Augen wähle man nicht die scharfe Abdeckung mit schwarzen Brillen; es empfiehlt sich vielmehr, bei geschlossenen Augen zu bestrahlen und außerdem die geschlossenen Lider noch mit Watte zu bedecken, die mit etwas Wasser oder eventuell sogar mit Mastisol leicht befestigt ist. Ist Abdeckung vor Strahlen der Höhensonne absolut nötig, dann genügt ein einfaches Tuch. So ist z. B. das Gesicht, besonders das Auge zu schützen, wenn man auf dem Capillitium ein Erythem setzen will. Man lasse dann auch unter dem abdeckenden Tuche die Augen geschlossen halten. Kleine Stellen kann man mit Antilux, einer im Handel erhältlichen Lichtschutzsalbe (Naphthol.-disulfonsaures Natrium) decken. Man braucht die Stellen nur dünn damit zu bestreichen. Daß der behandelnde Arzt sich selbst, besonders seine Augen vor den Quarzstrahlen schützen muß, darf als bekannt vorausgesetzt werden. Ebenso die Apparatur.

Die Dosierung wird am besten bei gleichbleibender Lampen-Körper-Distanz durch die Belichtungszeit geändert. Wenn auch die Menschen individuell verschieden reagieren, kann es doch mit geringen Unterschieden als ziemlich feststehend gelten, daß bei 50 Zentimetern Distanz des Quarzkörpers von der zu bestrahlenden Haut bei ungefähr 3 Minuten Belichtungszeit ein leichtes Erythem auftritt. Die Widerstandsfähigkeit der Haut gegen Erytheme kann man durch vorherige Alkohol-Waschungen ein wenig steigern. Es gibt Individuen, die bei allmählicher Steigerung der Höhensonnen-Dosis stets pigment-dunkel werden. Es gibt aber anderseits Individuen, die bei einer gewissen, meistens niedrigen Dosis schon mit Erythem antworten, nie braun werden, und immer wieder bei der gleichen Dosis ein Erythem zeigen. Das Anwendungsgebiet der Höhensonne wird in den einzelnen Kapiteln besprochen werden.

Über Röntgen, Radium und Buckys Grenzstrahl-Therapie sei hier nur gesagt, daß sie einzig und allein durch die Hand des durchgebildeten Fachmannes angewendet werden sollen. Es gibt nur ganz wenige Affektionen, die bloß mit diesen Strahlengattungen zu beseitigen sind. Man mache sich zum Prinzipe, alles was auf andere Weise ebenso zu behandeln möglich ist, vor allem nicht mit Röntgen zu bestrahlen. Viele kleine Röntgenreize summieren sich. Selbst nach einer Reihe von Jahren — ja selbst nach 10—20 Jahren — können noch Röntgenschäden zum Vorscheine kommen, die vorher völlig symptomlos geblieben sind.

Wenn auch das Radium schon wegen des meistens viel kleineren Gebietes der Applikation weniger großen Schaden anzurichten vermag, so ist doch auch diese Behandlungsart einzig dem hierin absolut Fachkundigen zu überlassen.

Bucky's Grenzstrahl-Therapie ist noch zu wenig ausgebaut, um hier schon eingehend erörtert zu werden.

Chirurgische Mittel.

Von chirurgischen Plastiken soll hier nicht gesprochen werden: bloß die kleinen, zumeist ohne Anästhesie durchführbaren Behandlungsarten des praktischen, chirurgisch nicht eingestellten Arztes seien genannt. Die Abbildungen 11, 12 und 13 stellen eine Reihe kleiner Instrumentchen dar, die größtenteils der Zahnheilkunde entnommen und bei der Behandlung kosmetisch störender Leiden recht brauchbar sind. Es sind kleine Trepane (Abbildung 11), Fräsen (Abbildung 12) und der Beutelrockbohrer (Abbildung 13). Alle diese Instrumentchen, von Kromayer angegeben, liefert jedes zahnärztliche Instrumentenhaus.

Die kleinen Trepane oder Stanz-Instrumentchen (Abbildung 11) sind kreisrunde Messerchen mit verschieden großem Durchmesser, die an die Welle eines Motors gesetzt und rotierend rasch in die Haut eingestochen und wieder herausgezogen werden. Sie stanzen so ungemein schnell ein je nach dem Durchmesser kleines oder größeres Hautstückchen säulenförmig aus. Je nach der tiefen oder weniger tiefen Einsenkung des rotierenden Messerchens kann man bloß die Epidermis oder auch die Cutis und selbst die Subcutis entfernen. Das ausgestanzte Hautsäulchen wird mit einer feinen Pinzette herausgehoben und mit der Schere an der Unterlage abgetrennt. Die Stanzmesserchen finden bei der

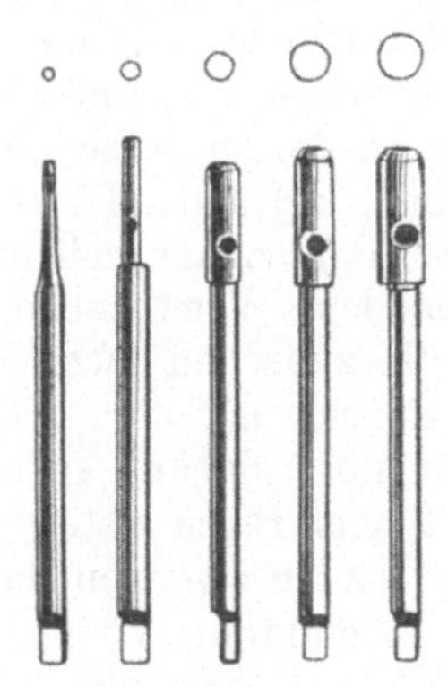

Abbildung. 11.
Trepane oder Stanz-Messer verschiedenen Durchmessers.

Entfernung kleiner Naevi, kleiner Fibrome und anderer kleiner Geschwülstchen, sowie zur Beseitigung kleinster Tätowierungen gute Verwendung. Schließlich eignen sie sich sehr gut zur Eröffnung von Furunkeln und Abszessen, vereiterten Atheromen usw. Die Närbchen, die sie setzen, sind winzig, man kann sagen punktförmig, fast unsichtbar. Zieht man einer notwendigen Eröffnung eine Inzision mit dem Skalpell oder mit einer Lanzette vor, dann lege man die Schnittrichtung jedenfalls in die Spaltrichtung der Haut und nicht senkrecht darauf. Die Narbe wird viel schöner. Kreuzschnitte vermeide man, wenn irgend möglich, besonders im Gesicht.

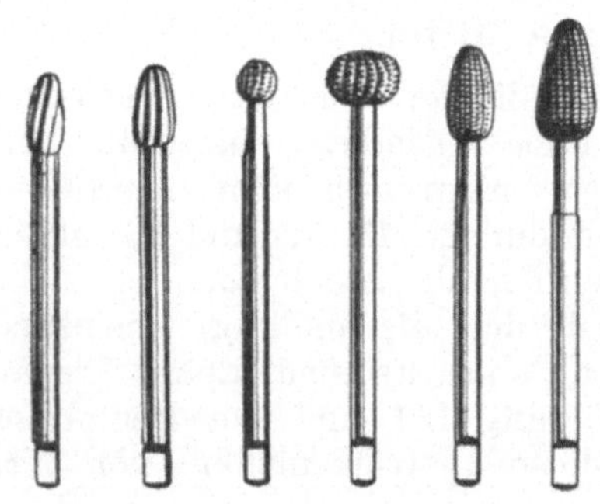

Abbildung 12. Verschiedene Fräsen.

Ein weiteres, oft mit viel Vorteil gebrauchtes kleines Instrument ist die Fräse (Abbildung 12). Sie wird auch in verschiedenen Größen und Feinheiten für rechts oder links schneidend hergestellt und mit der Welle eines elektrischen Motors in Verbindung gebracht. Auf die Haut aufgesetzt, fräsen sie durch die rasche Rotation bei leichtem Druck die Oberfläche, bei stärkerem Druck auch tiefere Schichten der Epidermis und sogar der Papillarschicht ab. Meistens kommt man mit der Entfernung der Epidermis aus, und so heilt der gesetzte Defekt ohne Narbe. Gut ist es, die zu fräsende Stelle mit Chloraethyl hart zu frieren und dann zu fräsen. Die hartgefrorene Haut läßt sich leichter fräsen als die normale weiche Haut. Will man der Chloräthyl-Erfrierung aus dem Wege gehen, dann spanne man die zu fräsende Hautstelle zwischen zwei Fingern. Was mit der Fräse am besten zu entfernen ist, davon sprechen wir im speziellen Teile. Hier sei nur noch darauf aufmerksam gemacht, daß man bei der Arbeit mit dem rasch rotierenden Instrumente nicht den Haaren zu nahe kommen darf, weil diese sich sofort verfangen.

Abbildung 13 zeigt den Beutelrockbohrer. Auch er wird mit der elektrischen Welle eines Motors armiert und ist ebenfalls dem zahnärztlichen Instrumentarium entnommen. Er dient dem Zahnarzte zur Nervenextraktion. Der Kosmetiker behandelt damit Talgdrüsenzystchen, mit Hornmassen verlegte Komedonen und Follikel. Über die Verwendung wird wieder im speziellen Teil gesprochen; hier sei nur gesagt, daß die Bohrinstrumente kürzer sein sollen als die, die der Zahnarzt verwendet. Sie müssen völlig in der Achse der Welle stehen, also absolut gerade sein, da sonst die Bohrerspitze bei der Rotation einen Kreis beschreibt. Führt man den Beutelrockbohrer rasch in den Komedo oder in die Talgdrüsenzyste richtig durch den Follikeltrichter ein, so schmerzt das nicht. Sticht man aber außerhalb des Führungsganges des Follikels ins Bindegewebe, so verursacht das stechende Schmerzen. Die Beutelrockbohrerbehandlung eröffnet die Talgdrüsenzyste, macht dem Talg aus der Zyste oder aus dem geschlossenen Komedo einen freien Weg nach außen, reißt dabei aber auch die Wand des Follikels an, so daß es später zur Verklebung und Verwachsung kommt. Ziemlich häufig schließen sich an eine solche Behandlung, bei der man in einer Sitzung 40 bis 50 Bohrungen machen kann, kleine, follikuläre Pustelbildungen an, die in wenigen Tagen, besonders unter tüchtigen Waschungen mit Wasser und Seife abheilen und die Verödung der Talgdrüsen oder Follikel nur beschleunigen. Aknefälle, die mit vielen Talgdrüsenzystchen einhergehen, werden auf diese Weise zur raschesten Heilung gebracht.

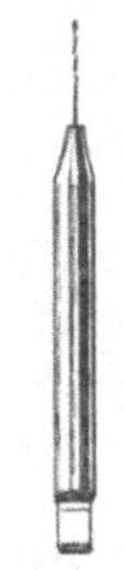

Abbildung 13 Beutelrockbohrer.

Anaesthesie.

Noch einiges über die A n a e s t h e s i e bei kleinen, schmerzhaften Eingriffen. Es genügt oft, die zu behandelnde Stelle zwischen zwei Finger zu nehmen und ein wenig zu drücken. Man kann so erstaunlich viel mit ganz wenig Schmerzen durchführen, oder man benützt zur Anaesthesie die lokale Erfrierung mittelst Chloraethyls. Speziell für manche Manipulationen eignet sich diese Anaesthesierung besonders deshalb, weil sich die fast gefrorene Haut leichter behandeln läßt als die normale weiche. So lassen sich Fräsungen und Stanzungen viel leichter bei gefrorener Haut anbringen. Die jontophoretische Einführung von Kokain mittels des elektrischen Stromes gibt zwar auch die Möglichkeit der Anaesthesie, doch kommt sie für den praktischen Arzt und bei der Geringfügigkeit der Eingriffe kaum in Betracht. Dasselbe gilt zum Teile für die Lokalanaesthesie mit Novocain.

Spezieller Teil.

Seborrhoe.

Eine der häufigsten Ursachen kosmetischer Störungen ist die Seborrhoe mit all ihren Folgezuständen; sie äußert sich in übermäßiger Fettabsonderung der Talgdrüsen und ist an verschiedene Lebensalter gebunden. Vor allem ist es die Zeit der Pubertät, in der sich die Seborrhoe geltend macht; unter dem Einflusse der Funktionssteigerung der Keimdrüsen zeigen die Haaranlagen und mit ihnen die Talgdrüsen vermehrte Tätigkeit. Über die Norm hinaus gesteigerte Talgdrüsensekretion äußert sich in Seborrhoe, die bei mehr flüssig ausgeschiedenem Fette als Seborrhoe oleosa bezeichnet wird. Die intensivst befallenen Partien sind die Nase, die angrenzenden Wangenpartien, das Kinn und die Stirn. Außerdem werden auch noch die oberen Stammpartien, besonders die vordere und rückwärtige Schweißfurche (Sternal- und Interscapulargegend) von Seborrhoe befallen. Diese Form der Seborrhoea (oleosa) zeigt zumeist auch eine Ausdehnung der Talgdrüsenausführungsgänge. Die Nasen- und Wangenhaut präsentieren sich wie gestichelt, in hochgradigen Fällen wie die Schale einer Orange.

Die Fettausscheidung aus den Talgdrüsen ist eine kontinuierliche, Tag und Nacht gleiche; sie unterliegt keinem Nerveneinflusse. Doch kann sie besonders durch Hyperaemisierung wie durch Hitze und strahlende Wärme, durch Erregungszustände und durch die Menstruation gesteigert werden. Im Klimakterium, im weiblichen wie im männlichen sistiert die übermäßige Sekretion; die Talgdrüse stellt sich um, die jugendliche Übersekretion hört auf und andere Vorgänge, dem Senium entsprechend, beginnen.

Da die Funktion der Keimdrüsen nicht willkürlich, außer durch energische Eingriffe und schwere Schädigungen, geändert werden kann und andererseits ursächlich mit der Seborrhoe in Konnex zu stehen scheint, verläßt die Seborrhoe den einmal befallenen Menschen erst im Klimakterium wieder. Sie stellt damit einen Hauptfaktor in der Kosmetik dar; denn sie gehört sozusagen mit zur Konstitution des Menschen. Wir werden daraus unsere therapeutischen Schlüsse ziehen müssen.

All das für die Seborrhoea oleosa Gesagte gilt auch für die sogenannte Seborrhoea sicca; diese Form der Seborrhoe lokalisiert sich wieder an bestimmten Stellen. Hier sind die Nasolabialfalten und die behaarten Partien des Gesichtes die am meisten bevorzugten. Man findet geringe Schuppenbildung und fettige Auflagerungen von gelblichgrauer Farbe an den erkrankten Partien. Leichte Rötung, geringe Entzündung sind gewisse Komplikationen, die die Seborrhoea sicca erst richtig sichtbar machen. Die Nasolabialfalten sind schuppend und leicht inflammiert. Die Augenbrauen sind ebenso gering gerötet und schuppend wie die Lidränder. Die ganze Bartgegend ist schuppend und gerötet.

Natürlich kommen Seborrhoea sicca und Seborrhoea oleosa auch nebeneinander vor. Die Träger oleöser Seborrhoe kennt man sofort, besonders in der Großstadt, an ihrem beschmutzten Gesichte; denn all der Staub, all der Ruß haftet auf der fettigen Gesichtshaut.

Die beiden Typen der Oleosa und der Sicca stellen krasse Formen der Seborrhoe dar. Es gibt auch mildere Formen, und vom normalen bis zum ausgeprägtesten Krankheitsbild alle möglichen Übergänge. Die Seborrhoe der behaarten Kopfhaut soll später ihre Erörterung finden.

Die Seborrhoe setzt bekanntermaßen mit der Funktion der Keimdrüsen ein. Wir sehen, daß aber auch ihre Komplikationen durch innere Sekretionsstoffe beeinflußt werden können. Wir wissen anderseits, daß die Seborrhoe den Menschen bis ins spätere Alter begleitet, mit anderen Worten, daß es Seborrhoiker gibt, Menschen mit fetter Haut. Für den Träger einer Seborrhoe ist die vermehrte Fettsekretion keine Krankheit, sondern bloß der Ausdruck einer gewissen geänderten Talgdrüsenfunktion. Da wir aber, ganz allgemein gesprochen, die individuelle Verschiedenheit der inneren Drüsensekretion nicht dauernd zu ändern imstande sind und die meisten diesbezüglichen Versuche, wenn überhaupt, so doch nur temporären Wert haben, sind wir bei der Seborrhoe und ihren Komplikationen hauptsächlich auf die Lokaltherapie angewiesen. Dabei wird sich die Therapie der Symptome am besten auf ein Maß beschränken, das von den Patienten auch leicht und willig durchgeführt werden kann. Intensivere Behandlungsformen sollen jenen schweren, komplizierten Symptomen vorbehalten bleiben, die einer besonderen, eben forcierteren Behandlung bedürfen. Speziell unter der Berücksichtigung der durch Jahre bestehenden Affektion muß im allgemeinen eine Behandlungsart gewählt werden, die nicht so sehr als solche, sondern mehr als tägliche selbstverständliche Toilette empfunden und geübt wird.

Die einfachste und täglich am leichtesten durchzuführende Therapie ist die Waschung mit bestimmten Seifen. Man hört hier nur allzuoft, daß speziell die Damen der Gesellschaft sich nicht mit Wasser und Seife das Gesicht reinigen. Die einen bekommen angeblich Ekzeme, die anderen behaupten sogar, Haarbalgentzündungen zu bekommen, andere tun es fast aus prinzipiellen Gründen oder weil sie von vornherein von der Schädlichkeit der Wasserwaschung überzeugt sind. Es muß hier gesagt werden, daß sich allerdings manches Wasser infolge seines Kalkgehaltes wenig zur Gesichtstoilette eignet; es gibt wirklich Menschen, namentlich solche mit blonden Haaren, aber auch mitunter Brünette, bei denen das kalkhältige, „harte“ Wasser Ekzeme verursacht, und es ist nicht immer möglich, das zu verwendende Wasser vorher zu entkalken. Und wenn auch im gegebenen Falle mitunter Regen- oder Schneewasser, d. h. destilliertes Wasser, oder Kondenswasser aus einer Fabrik Verwendung finden kann, so ist doch daraus keine alltägliche Benützungsmöglichkeit gegeben. Trotzdem soll man namentlich bei Seborrhoe versuchen, Waschungen mit entsprechenden Seifen vorzunehmen. (Die Behandlung etwaiger Schäden durch hartes Wasser sollen später besprochen werden.) Die bei Seborrhoe in Betracht kommenden Seifen sind jene, die gegen die Seborrhoe — man möchte fast sagen — spezifische Stoffe enthalten. Wir wissen, daß die Seborrhoe nur durch wenige Medikamente lokal günstig beeinflußt wird. Es gehören hieher vor allem der Schwefel, die Salizylsäure, das Resorzin und das Tannoform, im geringen Grade auch der Teer und das β-Naphthol. Schon in der Reihenfolge der genannten Präparate soll die Wirksamkeit angedeutet sein. Mit den genannten Mitteln versetzte Seifen wirken gut auf die Seborrhoe, u. zw. wirkt in einem Falle vielleicht dieses, im anderen Falle jenes besser, wobei es unbenommen bleibt, die einzelnen Mittel miteinander zu kombinieren. Nur sind Resorzin und β-Naphthol infolge ihrer Verfärbung durch Licht mit Vorsicht zu verwenden. Für Seifen trifft allerdings diese Verfärbung weniger zu, weil ja die auf die Haut durch die Seife einwirkenden Präparate nach kurzer Zeit wieder mit Wasser entfernt werden. Bei Salben und Pasten jedoch darf die Eigentümlichkeit der Hautfärbung des Resorzins und β-Naphthols durch Licht nicht außeracht gelassen werden. Was die Konzentration der einzelnen Medikamente in den Seifen anlangt, so kann sie nach der Schwere des Falles jederzeit erhöht werden, wenn man die betreffenden Präparate in Spiritus saponis kalini entweder löst oder auch als Schüttelmixtur in Seifenform verordnet. Von manchen dieser Präparate gibt es auch fertige Stückseifen. So bringen verschiedene Firmen 10%ige Schwefelseifen, 2½ bis 5%ige Salizylseifen, anderseits β-Naphthol-Schwefel- und Resorzin-Seifen in den Handel.

Was nun die übermäßige Fettausscheidung im Gesichte anlangt, so kann man hier mit den Seifenwaschungen wirklich Ersprießliches leisten. Am intensivsten wirken hochprozentige (2.5—5%) Salizylseifen, weniger intensiv 10%ige Schwefelseifen, die man abends und morgens zum Waschen verwendet. Von Vorteil scheint es, die Waschung mit möglichst heißem Wasser durchzuführen und nachher kühle Übergießungen folgen zu lassen. Man erweicht durch die Hitze die Sekretmassen, eröffnet die Poren der Haut, verschafft dem Sekrete freien Abgang und beeinflußt durch die spezifische Salizyl- oder Schwefelwirkung schließlich die Drüsensekretion. Die nachfolgende kalte Dusche bringt dann durch Kontraktion der Musculi arrectores die Drüsen wieder zur Schrumpfung. Dieser Vorgang, zweimal im Tag durchgeführt, zeigt schon nach kurzer Zeit eine Besserung; die Fettsekretion wird geringer, die Gesichtshaut wird trockener, ja es kommt sogar mitunter zu so hochgradiger Wirkung, daß die Patienten ein Spannungsgefühl bekommen und genötigt sind, die Waschung auf eine, und zwar bloß abendliche Prozedur einzuschränken.

Anderseits gibt es Individuen, die die zweimalige heiße Salizyl- oder Schwefelseifenwaschung mit kühlen Übergießungen nicht nur sehr gut vertragen, sondern noch als zu wenig empfinden und besonders tagsüber noch einer Behandlung bedürfen. Man kann diese leicht durch einen 1—2%igen Schwefelpuder erhöhen oder den Patientinnen zu ihrem gebräuchlich verwendeten Puder noch 1% Lac. sulfuris oder 3% feinst gepulverte Salizylsäure hinzufügen. Für viele eignet sich der Sulfoderm-Puder (Heyden), der kolloidalen Schwefel in feinst verteilter Form enthält, leicht gefärbt und angenehm parfümiert ist. Ist die Seborrhoe noch mehr gesteigert, so muß außer der abendlichen Waschung mit den Seifen noch eine Behandlung in der Nacht durchgeführt werden, wozu sich Pasten, versetzt mit den angeführten spezifischen Seborrhoepräparaten, gut eignen.

Es sei gestattet, hier einige Worte über die Vehikel für diese Präparate einzuschieben. Keineswegs geeignet sind zur Seborrhoe-Behandlung Salben, die fast zu 90—95% aus Fetten bestehen; denn sie erweichen die Haut und trocknen nicht aus. Zur Austrocknung sind nur Pasten zweckentsprechend. Man verwende hiezu entweder die Pasta Zinci Lassari, die aus gleichen Teilen festen und fetten Substanzen besteht, oder die sogenannte Pasta Zinci mollis (Ol. lin., Aquae calc. āā 6.0; M. exactiss. ad linimentum; Adde Zinc. oxyd., Calc. carbon. āā 4.0; M. F. Pasta mollis). Diese Pasta trocknet noch viel energischer aus als die gewöhnliche Pasta Zinci und verursacht meistens schon nach wenigen Tagen eine so intensive Trocknung der Haut, daß es zu oberflächlichen Rhagaden kommen kann. Sie kann dementsprechend nur ganz kurze Zeit verwendet werden. Um nun allzu intensiver Austrocknung vorzubeugen, versetze man sie mit gleichen oder doppelten oder sogar dreifachen Mengen der Pasta Zinci Lassari. Das Mengenverhältnis dieser beiden Pasten zueinander hängt von der individuellen Beschaffenheit der Haut ab. Die Zusätze von Schwefel können nur annäherungsweise angegeben werden, da auch sie nach der persönlichen Bekömmlichkeit variiert werden müssen. Es gibt seltene Menschen, die schon bei 1%igem Schwefelzusatze eine leichte Hautentzündung bekommen, doch werden im allgemeinen 2% und 3% und sogar noch mehr ganz gut vertragen.

Rp. Lactis sulfuris 0.4—1.0—2.0; Pastae Zinci Lassari 20.0; M. F. pasta; S. Nachts dünn auftragen. — (Wenig austrocknend. Bei 2% Schwefelzusatz nicht, bei 10% deutlich, doch feinst schälend.)

Rp. Ol. lini, Aq. calcis āā 6.0; adde Zinci oxydati subt. pulv., Calcii carbon. praec. āā 4.0; adde Lactis sulfuris 0.4—0.6; M. exactissime; Fiat pasta mollis; S. Nachts dünn aufzutragen. (Stark austrocknend.)

Rp. Ol. lini, Aq. calcis āā 4.5; adde Zinci oxydati subt. pulv., Calcii carbon. praec. āā 3.0; adde Pastae Zinci oxydati 5.0—10.0—15.0, Lactis sulfuris 0.4—1.0—3.0; M. exactissime; F. pasta; S. Nachts dünn aufzutragen. (Je nach Zinkpasten-Zusatz stärker oder weniger stark austrocknend.)

Dort, wo der Schwefel nicht gewünschte Entzündungserscheinungen verursacht, ersetze man ihn durch Acidum salicylicum, das in 3—5%iger, ja sogar 8%iger Konzentration in allen Fällen vertragen wird und ausgezeichnet, ja bei reiner, intensiver Fettsekretion oft sogar besser wirkt als der Schwefel.

Rp. Acidi salicyl. 0.6—1.0—1.6, Pastae Zinci oxyd. 20.0; M. F. pasta; S. Nachts dünn aufzutragen.

Resorzinzusätze dürfen der Verfärbung am Lichte wegen nur bei Nacht, nie bei Tageslicht Verwendung finden.

Nicht selten macht man die Erfahrung, daß die intensive Schwefel- oder Salizylseifenwaschung, namentlich kombiniert mit Pastenbehandlung des Nachts oder mit Einpuderung des Tags die Gesichtshaut zu sehr austrocknet. Man beobachtet das besonders bei hellblonden Seborrhoikerinnen. Mitunter geht diese Austrocknung sogar mit kleinster, allerdings kaum merklicher Schuppenbildung einher. Dann kann eine bloß einmal, und zwar des Abends durchgeführte Waschung diesen sekundär herbeigeführten Zustand beheben. Oft aber steigert die Verringerung der Behandlung schon wieder die Seborrhoe. In solchen Fällen kann man sich nun in der Weise helfen, daß man die Seborrhoe-Behandlung nachts so intensiv als möglich gestaltet, aber der zu starken Austrocknung mit einer entsprechenden Tagesbehandlung begegnet. Hiefür verordnet man des Morgens indifferente fettlose Coldcreams, die man mit einem der Hautfarbe des Individuums angepaßten Puder bedeckt (Seite 4).

Wenn die Seborrhoe durch die bisher genannten Behandlungen auch in mancher Hinsicht gebessert werden kann, so besteht doch oft genug noch ein lästiger, nicht ganz zu beseitigender Fettglanz besonders der Nase. Stets wird naturgemäß der Wunsch nach Beseitigung dieses Fettglanzes geäußert. Der hier so oftmals verwendete Salizylalkohol eignet sich wohl zur Reinigung sehr gut, läßt aber die Gesichtshaut nachher nicht weniger glatt glänzen, so daß der Reinigung und dem Abwischen der Nase mit Puder, namentlich wenn er mit ein wenig Schwefel oder Salizylsäure versetzt ist, unbedingt der Vorzug zu geben ist. Hier sei wieder der Sulfoderm-Puder (Heyden) empfohlen. Bei Nichtverträglichkeit benutze man 1—2%igen Salizylpuder.

Eine Folge der Seborrhoea oleosa sind die erweiterten Talgdrüsenausführungsgänge, die weiten Poren, namentlich in der zentralen Gesichtspartie. Auf Nase, Wangen und Kinn kann man dann durch seitlichen Druck kleine, wurmähnliche Gebilde, den Inhalt der Talgdrüsen auspressen. Öfters tragen diese Gebilde ein kleines, schwarzes Köpfchen (Komedonen). Das beste Mittel, diese Komedonen zu beseitigen, sind heiße Waschungen, massageartig durchgeführt, mit Schwefel- oder Salizylseifen, deren Schaum man noch feinsten Toilette-Sand zusetzt. (Toilette-Sand, Toilette-Seifensand ist in den meisten Parfümerien oder Drogerien erhältlich.) Auch das in den letzten Jahren vielfach gebräuchliche Really-Pulver eignet sich gut zur Beseitigung der Komedonen und Fettanhäufungen in den Talgdrüsen; es besteht zum großen Teil aus Seife, Pulvis Florentinae Ireos und Resorzin und wird ebenfalls mit heißem Wasser auf der Gesichtshaut massageartig verrieben. Die Hitze des Wassers, die Massage, die Seife und das Resorzin, sowie nicht minder die kleinen Holzpartikelchen der Iriswurzel geben zusammen den Erfolg. Natürlich können damit die Poren nicht zum Verschwinden gebracht werden, denn sie sind ja geweblich angelegt, und wenn sie auch durch die Austreibung der Sekretmassen nur ausgedehnt sind, was meistens doch durch Jahre erfolgt ist, so kann die Verengerung dieser Gebilde durch die genannte Therapie nur in mäßigem Grade erreicht werden. Eine vollständige Verödung der Talgdrüsen durch hohe gefilterte Röntgendosen ist wegen der Dermatitis- und Atrophiegefahr abzulehnen.

Es wäre immerhin noch daran zu denken, die einzelnen Talgdrüsen, die ja zu jeder erweiterten Pore gehören, durch den Beutelrockbohrer zu zerstören. Das gelingt oftmals auch sehr schön. Nach Reinigung der Haut mit Benzin und Alkohol treibt man den Beutelrockbohrer, der sich durch die Motorwelle möglichst rasch um seine Achse dreht, durch den Talgdrüsenausführungsgang etwa 3—4 Millimeter in die Talgdrüse ein. Das schmerzt so gut wie nicht und genügt zur Zerstörung der Drüse. Geht man mit dem Instrumentchen zu tief — durch die Talgdrüse durch ins Derma —, so stößt man auf den Widerstand des Bindegewebes, das zufolge seiner gegenüber der Talgdrüse erhöhten Festigkeit durch den Bohrer straff-kreisförmig gespannt wird und die Haut auf etwa 2 Millimeter Umgebung vom Beutelrockbohrer anämisiert. Das ist nicht erwünscht, überflüssig und schmerzt. Man will und soll ja nur die Talgdrüse treffen. Häufig ist eine derartige Manipulation mit dem Beutelrockbohrer von kleinsten Pustelchen gefolgt, die durch die Verletzung der Haut mit dem Bohrer und durch die in den Talgdrüsen angesammelten saprophytischen Eiterbakterien bedingt sind. Anderseits helfen diese kleinsten Entzündungen und geringen Eiterungen um so eher mit, die angebohrten und zertrümmerten Talgdrüsen zu zerstören und damit auch den Ausführungsgang zur Verödung zu bringen.

Weite Poren mit der elektrolytischen Nadel, dem Mikrobrenner oder selbst dem Wirzschen Nadelbrenner zu veröden, ist nicht möglich, da alle diese Manipulationen Zerstörungen der normalen Umgebung erzeugen. Dasselbe gilt in noch erhöhtem Maße für die Elektrokoagulation, und sei die Nadel noch so spitz und dünn; alle diese Eingriffe setzen kleinste Narben und vergrößern damit die Poren.

Gegen alle Erscheinungen der Seborrhoe, Fettglanz, weite Poren und selbst gegen gewisse, erst im Späteren zu besprechende Komplikationen wendet man mit einem gewissen temporären Erfolge auch S c h ä l k u r e n an. Womit immer man sie macht, sie haben den Zweck, durch geringe Entzündung eine desquamierende Dermatitis zu erzeugen. Die am meisten gebrauchte Schälpaste setzt sich wie folgt zusammen:

Rp. β-Naphthol. 10.0, Flor. sulfur. 40.0, Sapon. viridis, Vaselini fl. āā 25.0. M. D. S. Schälpaste.

Sie stellt eine hellgelbe Masse dar, die sich durch Luftzutritt bräunt (β-Naphthol), was aber an ihrer Wirkung nichts ändert. Wegen des die Niere schädigenden β-Naphthols darf man diese Paste n u r b e i i n t a k t e r N i e r e u n d n i c h t a u f z u g r o ß e F l ä c h e n a n w e n d e n. So ist es beispielsweise gewagt, das ganze Gesicht auf einmal zu behandeln. Man schäle vorerst Wangen und Kinn und in einem zweiten Zyklus Stirne und Nase. Die D u r c h f ü h r u n g der Schälkur geschieht auf folgende Weise: Das Gesicht wird vorher mit Benzin entfettet und dann die zu behandelnde Stelle mittels eines Holzspatels mit der Schälpasta etwa zwei Millimeter dick bestrichen. (Die Vorsicht gebietet, vorher die Kleider in der Gesichtsnähe mit einer Kompresse vor herabfallenden Pastenteilchen zu schützen; die Paste macht Flecke!). Sofort nach der Applikation der Paste setzt ein leichtes Brennen ein, das aber nach wenigen Minuten wieder aufhört. Die aufgelegte Paste bleibt nun etwa 20—30 Minuten liegen, wird dann mit dem Holzspatel wieder grob und schließlich mit trockener feiner Watte möglichst gänzlich entfernt. Die so behandelte Gesichtshaut ist nach der Pastenentfernung leicht gerötet, blaßt aber nach einigen Stunden wieder ab.

Am nächsten Tage oder schon nach 12 Stunden wird die Prozedur wiederholt und solange fortgesetzt (Urinkontrolle!), bis eine Spannung oder Schälung einsetzt. In der Zwischenzeit wird das Gesicht bloß mit Salizylalkohol ein-, höchstens zweimal im Tage gereinigt. Kein Wasser! Keine Seife! Setzt eine Schälung ein, dann wird sie mit Salizylalkohol-Eintupfungen und Einpudern mehrmals des Tages beschleunigt. Wenn die Pastenapplikation zirka 5 Tage durchgeführt wird, so benötigt die folgende Schälung etwa 3—4 Tage, bis das Gesicht wieder glatt und schuppenlos ist. Die Prozedur ist für die Damen infolge der großblättrigen Desquamation lästig, jedoch ist die Seborrhoe nach solch einer Schälkur beträchtlich gebessert. Manche machen zwei aufeinander folgende Schälkuren mit kurzem Intervall oder sie machen je eine Schälkur im Frühjahre und im Herbste und sind damit zufrieden. Die angeführte β-Naphthol-Schälpaste kann bei übermäßig langer Applikation eine Ulzeration verursachen, was beispielsweise eintreten kann, wenn die Patienten mit der Salbe einschlafen.

Man kann ähnliche Schälprozeduren auch mit starken Resorzinpasten (20—30—50% Resorzin) machen, doch sind sie wegen Nieren- und Hautschädigungen und schließlich auch wegen oftmals folgender und lange Zeit anhaltender Pigmentierung gefährlich; man meide sie deshalb besser.

Auch Höhensonnenbestrahlungen mit entsprechendem Erythem schälen, erreichen aber nicht den Effekt der Schwefelschälungen. Auch ihnen folgt leicht Pigmentierung. Hingegen verkleinert intensives Höhensonnenerythem mitunter die weiten Gesichtsporen.

Bevor auf die Komplikationen der Seborrhoe eingegangen wird, seien noch die verschiedenen Formen der Seborrhoea sicca des Gesichtes und ihre Behandlung besprochen.

Die Erscheinungen der Seborrhoea sicca mit den leichten entzündlichen Veränderungen oder auch ohne sie, verursachen häufig Jucken. Die Lokalisation dieser Seborrhoeform, die sich, wie gesagt, auch mit der oleosen Form kombinieren kann, findet sich zumeist in den Supercilien, auf den Lidrändern, in der Schnurr-Backenbartgegend, sowie auch in der Nasolabialfalte und über der Nase, speziell hier ist sie oft durch geringe Rötung kompliziert. Auch in den Mundwinkelfalten finden wir sie; dort führt sie besonders im hohen Alter insoferne zu Komplikationen, als sie den Grund für ekzematoide, rhagadisierende Erkrankungen abgibt. Solche ekzematoide Komplikationen finden sich auch am Körper, so in den Axillen, in den vorderen und hinteren Schweißfurchen, am Nabel und am Mons Veneris.

In den Supercilien verursacht die Seborrhoea sicca nicht nur Rötung, feinste Schuppung und Jucken, sondern mitunter auch Ausfall der Haare. Therapeutisch verwende man vor allem Schwefelseifenwaschungen, nachts 10%iges Schwefelvaselin oder Ichthyolvaselin, ja sogar ung. sulfur. Wilkinsoni, tags 1—2%igen Salizylalkohol, oder 5%igen Thiocoll-Alkohol. Als Vehikel für die Antiseborrhoica kommen in den behaarten Partien nie Pasten, sondern stets Salben, also Vaselin, Unguentum glycerini, Eucerin, Lanolin usw. in Betracht, und zwar nur wegen der zu hohen Konstistenz der Paste, die sich mit den Haaren verpacken würde.

Auf den Lidrändern lokalisiert, führt die Seborrhoea sicca vorerst bloß zu kleinsten Schüppchen, dann zu Rötung des Lidrandes. In weiterer Komplikation kommt es zur Blepharitis, Lidrandverdickung, Konjunktivitis und ulzerösen Blepharitis, alles recht lästige, oft jahrelang währende Zustände, die in der Regel unter den gebräuchlichen Lapisierungen, Noviform- und gelben Präzipitatsalben nicht zur Ausheilung gelangen. In leichten Fällen erzielt man mit 3%igen Resorzinglyzerin-Pinselungen und nachfolgenden vorsichtigen Einfettungen von:

Rp. Acid. salicyl., Cehasol seu Ichthyol āā 1.0, Pastae Zinci, Vasel. flav. pur. āā 10.0,

oft gute Erfolge. Auch Umschläge mit starkem Absud von russischem Tee oder 2—3%iger Tanninlösung helfen mitunter. Schwefelseifenwaschungen schaden keinesfalls, nützen viel eher. In schweren Fällen versuche man Resorzinglyzerin-Pinselungen mit nachmaligen Einfettungen von

Rp. Ol. lin., Aq. calcis āā 3.0, Zinci oxyd., Calc. carbon. āā 2.0, Vaselin. opt. 10.0, Acid. boric. 2.0, Cehasol 1.0.

Treten komplizierende chronische Lidrandverdickungen mit kleinen follikulären Abszeßchen in den Vordergrund der Erkrankung, so nützen oft Umschläge mit warmen, ¼%igen wässerigen Lösungen von Sapo viridis, stundenweise gemacht. Eine etwaige gleichzeitig bestehende Konjunktivitis muß nach den üblichen Regeln der Opththalmologie behandelt werden. Rezidivierende Hordeola gehen ebenfalls auf ¼%ige heiße Seifenumschläge gut zurück. Ganz chronische Blepharitiden mit Wimperpusteln trotzen oft jeder medikamentösen Therapie, heilen aber in der Regel auf wenige, klein dosierte, ungefilterte Radiumbestrahlungen gänzlich ab. (1—2 Milligrammstunden in Wochenintervallen. Einige Bestrahlungen genügen fast immer. Vorsicht wegen des Bulbus!)

Gegen die trockene, schuppende Seborrhoe der Schnurr- und Backenbartgegend genügen in der Regel Schwefel- oder Teerseifenwaschungen allein, zumindest sind sie eine energische, toilettemäßig gebrauchte Behandlung, die ohne Belästigung für den Träger der Seborrhoe lange Zeit angewendet werden kann. Genügen sie allein zur Beseitigung der subjektiven und objektiven Symptome nicht, dann können allabendlich 10%ige Schwefelsalben oder 3%ige Resorzinsalben, eventuell mit 1—2% Teer die Behandlung unterstützen und den Erfolg beschleunigen.

Ungemein lästig sind die Erscheinungen der Seborrhoe in den Nasolabialfalten. In leichten Fällen kommt man mit Schwefelseifenwaschungen aus; in schwereren Fällen fügt man noch eine Tages-Einpuderung mit Sulfoderm-Puder (Heyden) oder eine Nachtbehandlung mit 1—3—5%igen Schwefelzink-Pasten hinzu. Dasselbe gilt für die Seborrhoe der Nase. Die Grenzfälle gegen den Lupus erythematodes (Seborrhoea congestiva) gehören nicht mehr in den Rahmen der vorliegenden Besprechungen.

Die oft auf Basis der Seborrhoe sich entwickelnden Ekzeme der Mundwinkel mit den häufigen sekundären Rhagaden — die gleiche Affektion kommt auch auf Grund eines Diabetes oder durch bloßen langdauernden Speichelabfluß allein zustande — reagieren am besten auf 5%ige Resorzinpinselungen und nachfolgende Einfettung von

Rp. Pasta zinci mollis, Vaselini āā 10.0, Acid. borici 2.0, Cehasol 1.0.

Was die Seborrhoe des Körpers betrifft, so äußern sich in den Axillen die ersten Erscheinungen in der Regel bloß subjektiv durch intensives Jucken. Man sieht vorerst gar nichts. Erst später folgen gelblichrote Scheibchen und bald auf intensives Kratzen hin ein Ekzem, das dann den Charakter des seborrhoischen trägt. Die Versuche, den ersten Juckreiz durch den so beliebten Salizylspiritus zu bekämpfen, führen meistens, als zu schwach, zu keinem Erfolg. Man soll überhaupt in der Kosmetik ebensowenig wie in der Dermatologie das Jucken behandeln wollen, sondern stets die Ursache des Juckens.

Deshalb wird auch der gewöhnliche 1%ige Salizylspiritus bei seborrhoischem Jucken in den Axillen so gut wie nichts nützen, wohl aber führt die Waschung mit Schwefelseifen zum Erfolg. Nachfolgend ist hier 2—3%iger Salizylpuder von Vorteil, so z. B. der Sanitäts-Vasenolpuder (Köpp). Man streiche ihn ein. Sind im Gefolge ekzematöse Erscheinungen geringer Art entstanden, so lasse man auf die Schwefelseifenwaschung Eintupfungen mit

Rp. Resorcin oder Acid. salicyl., Cehasol āā 3.0, Spirit. vini dil. 80.0. Spirit. colon. 14.0.

folgen und streiche dann den Sanitäts-Vasenolpuder ein. Schwefelpuder wird in der Achselhöhle nicht immer vertragen; er verursacht gelegentlich einer Schweißabsonderung Dermatitis. Im gegebenen Fall kann man auch Resorzin und Cehasol einer Schüttelmixtur beifügen und diese einpinseln, z. B.

Rp. Zinci oxyd., Talc. Venet. āā 10.0, Glycerin. 8.0, Aq. destill. 22.0. Resorcin. 1.5, Cehasol 2.5.

Pasten oder Salben, auch solche, die mit spezifischen Mitteln versetzt sind, meide man in der Achselhöhle. Die Pasten verpacken die Haare und nehmen damit der Axilla das natürliche Haarpolster. Die Salben eignen sich wieder deswegen nicht, weil die an und für sich gereizte und stärker transpirierende Haut durch Fett noch mehr irritiert wird. Man beschränke sich also bei Erkrankungen der Achselhöhlen auf Waschungen, Applikationen mit in Alkohol gelösten Medikamenten und Einpuderungen. Als einzige gut wirksame Salbe kann Ung. sulf. Wilkinsoni verwendet werden. Niemals kürze man die Haare der Achselhöhle bei Entzündungen; die Gründe hiefür sind offenkundig; die Haare der Achselhöhle sind gekräuselt und bilden eine Einlage zwischen Arm und Brustwand. Damit verhindern sie eine Intertrigo und erleichtern und beschleunigen die Schweißabdunstung an dieser Stelle. Die Entfernung der nicht grundlos von der Natur angelegten Crines (und ebenso der Pubes) ist schon deshalb nicht zweckentsprechend. Außerdem scheuern kurzgeschnittene Haare, die ihre Biegung und Kräuselung erst beim Wachstum wieder gewinnen, an der Gegenseite durch die Bewegungen des Armes und setzen gegebenenfalls sogar Verletzungen und Eiterungen.

Die übrigen Erscheinungsformen der Seborrhoe am Stamm werden ebenso behandelt wie die Lokalisationen im Gesicht. So gehen die Scheibenform der Seborrhoe und ihre follikuläre Form in der vorderen und hinteren Schweißfurche, die Nabelerkrankung infolge Seborrhoe, die oft intensiv jukkende Seborrhoe des Mons Veneris in ihren leichten Formen auf Schwefelseifenwaschungen allein, oder auf diese und Sulfoderm-Puder, die intensiveren Erkrankungen mit Rötung und Schuppung auf Schwefelseifenwaschung kombiniert mit 3% Resorzin-, 5% Cehasol- oder Schwefel-Salizyl-Tannoformpasten (von jedem Mittel 5%) oder entsprechendem Puder zurück. Für die behaarten Stellen wähle man, wie bereits gesagt, statt der Pasten Salben als Vehikel mit spezifischen Beigaben. Für sämtliche Seborrhoe-Erkrankungen des Körpers — seien sie auch exsudativer Art — eignet sich vorzüglich das Ung. sulf. Wilkinsoni. Die Auftragung erfolge stets ganz dünn.

Die Wirkung der ultravioletten Strahlen ist in allen Fällen nicht zu unterschätzen. Allerdings soll das nicht sagen, daß man jede Seborrhoe mit Quarzlicht behandeln soll; es wird da ohnedies schon „zuviel des Guten" getan. Im Sommer überlasse man, wenn möglich, die ultraviolette Strahlung der Himmelssonne, besonders in Kombination mit Meerbädern. Das Mittelmeer wie die Adria gewähren zahlungsfähigen Patienten — was Wasser, wie was Sonne anbelangt — oft sehr gute Resultate. Natürlich darf man nicht verlangen, daß solche Erfolge dauernd sind, d. h. daß mit Meerbädern und Strandsonne die Seborrhoe geheilt wird; das liegt in der Natur der Seborrhoe. Aber es wird die Seborrhoe für die Wahl eines Sommeraufenthaltes vielleicht maßgebend sein. Natürlich darf sich der Patient der Sonne anfangs nur kurz, später allmählich längere Zeit aussetzen. Sonnen-Erytheme sind jedenfalls zu vermeiden. Auch das an ultravioletten Strahlen reiche Licht des Hochgebirges ist gegen die Seborrhoe von Nutzen.

Sonst sind natürliche Schwefelbäder (Baden bei Wien, Ilidze in Bosnien u. a.) auch zu empfehlen, obwohl das kühle Meerbad oft besser vertragen wird und bessere Erfolge gibt. — Jodquellen sind gegen Seborrhoe wertlos. Gute Erfolge sind auch von den Bädern in Comano bei Trient zu verzeichnen.

In ganz hartnäckigen Fällen mag man an geringdosierte Röntgenbestrahlungen denken, doch seien sie nur ultimum refugium. Bevor man sich zu dieser Behandlungsart flüchtet, versuche man auf dem Wege der endokrinen Drüsen die Erkrankung zu beeinflussen. In manchen Fällen ist der Zusammenhang der Ovarialfunktion mit den Exazerbationen der Erkrankung so sehr in den Vordergrund geschoben, daß eine diesbezügliche Behandlung — oral, subkutan oder intravenös — Erfolg gewährt. In anderen Fällen tritt die Dysfunktion der endokrinen Drüsen nicht so deutlich in den Vordergrund, wird aber, wie eingangs erwähnt, doch vermutet. Da wir oft nicht wissen, welche von den endokrinen Drüsen an dem Prozesse mit schuldtragend ist, ist auch der Erfolg der im gegebenen Falle eingeschlagenen Medikation nicht sicher. Untersuchungen der letzten Zeit haben ergeben, daß sich in einem sehr hohen Perzentsatze der Fälle von klinisch erwiesener Erkrankung zwar eine positive Abbaureaktion in bezug auf das endokrine System findet, aber nicht immer der positive Abbau der klinisch krank vermuteten Drüse. Die Abderhaldensche Reaktion muß nach diesen Erfahrungen als Zeichen einer Dysfunktion des ganzen endokrinen Systems im Sinne eines Reizzustandes aufgefaßt werden. In einer großen Reihe von Fällen hat sich eine Koinzidenz und eine Divergenz des Abbaues einzelner Drüsen ergeben. (Zusammenhang zwischen Hypophyse und Ovar, zwischen Corpus luteum und Nebenniere, zwischen Testis und Nebenniere.)

Acne vulgaris.

Was für die Therapie der Akneerkrankung hauptsächlich in Betracht kommt, ist ihre Lokalisation und die Art ihres Aussehens; es ist nicht einerlei, ob eine Akne des ganzen Gesichtes oder eine bloß auf Stirne, auf Schläfen oder Kinn allein lokalisierte Akne vorliegt. Es ist auch nicht einerlei, ob eine Acne superficialis oder eine tief in der Kutis sitzende Acne indurata oder gar eine Acne conglobata das entstellende Moment darstellt.

Im allgemeinen stellen Aknefälle dankbare, allerdings mitunter nicht leicht und nicht rasch beeinflußbare Krankheitsbilder dar; ganz hartnäckige Fälle sind selten. Jedenfalls bedarf der Arzt der intensivsten und nicht erlahmenden Mitarbeit des Patienten; denn nicht nur zielbewußte Anordnungen des Arztes, auch energische, genaue und ausdauernde Durchführung durch den Patienten sind nötig, um zum Ziele zu gelangen.

Die ersten Erscheinungen der Akne sind meistens kleine Komedonen oder kleine gelblichweiße Talgdrüsenzystchen. Durch die Entzündung dieser und Vereiterung der Talgdrüsen entsteht die gewöhnliche oberflächliche Akne.

Wir wollen uns zuerst den Komedonen zuwenden. Man kennt im Gesicht meistens nur einfache Komedonen, zum Unterschiede von den sogenannten Doppelkomedonen des Stammes. Die einfachen Komedonen sind aus gestauten Sekretmassen der Talgdrüsen entstanden, sitzen in der Regel locker in der Drüse und können leicht durch Druck auf ihre Umgebung entfernt werden. Andere wieder sitzen fest, sind durch Hornmassen im Follikel verschlossen und folgen dem Drucke nicht. In solchen Fällen sorge man für Lockerung der Komedonenpfröpfe in ihren Drüsensäckchen. Hier tut Hitze am besten. Ob das Dampfeinwirkung oder bloße heiße Kataplasmen bewirken, ist einerlei. Jedenfalls lasse man feuchte Wärme, so heiß als möglich, mehrmals im Tag einwirken, dann folgen am besten Massagen mit dem schon bei der Seborrhoe empfohlenen Really-Pulver und schließlich heiße Waschungen mit 10%iger Schwefel- oder anderen Seifen. Den Seifenschaum kann man auch vorteilhaft mit feinem Toilette-Sand auf der Haut verreiben. Als Toilette-Sand kommt allerfeinster Quarzsand in Verwendung. Die Wahl der Seife hängt zum Teile von der bekömmlichen Wirkung, zum Teile von der Lokalisation der Akne ab. Meistens wirken am besten bei zerstreuter Akne Schwefelseifen, bei lokalisierter Akne Salizylseifen. Das ist übrigens auch individuell verschieden. Salizylseife reizt jedenfalls nie. Im allgemeinen ist eine geringe Reizung nicht von Schaden, es sei denn, es entstünde ein Ekzem. Den heißen Waschungen folge eine kalte Dusche und am Abend eine ganz dünn applizierte Pastenbehandlung, die am besten mit einer 2—10%igen Schwefel-Zinkpaste oder bei gleichzeitig bestehendem Fettglanz des Gesichtes besser mit 8—10%iger Salizylzinkpaste durchzuführen ist. Man kann auch tags wie nachts bloß 2%igen Salizylalkohol und Sulfoderm-Puder folgen lassen, doch ist diese Behandlung weniger wirksam.

Das Ausquetschen der Komedonen mit den Fingern ist nicht erwünscht, weil hiedurch oft Gewebsquetschungen mit nachträglichen Entzündungen folgen. Man verwende hierzu einen perforierten „scharfen Löffel", der senkrecht auf den Komedo so aufgesetzt wird, daß das Talgdrüsensekret bei Druck mit dem Löffel auf die Haut durch die Perforationsöffnung heraustritt.

Viel schwieriger zu behandeln sind die kleinen geschlossenen Talgdrüsenzystchen, gelblichweiße, stecknadelkopfgroße, durchscheinende, milienähnliche, aber tiefer liegende Gebilde, deren Inhalt nicht ausgepreßt werden kann, weil der Talgdrüsenausführungsgang offensichtlich abgeknickt oder mit Hornmassen verlegt ist. In solchen Fällen müssen obigen Prozeduren noch andere Eingriffe vorausgehen. Man trachte, die Haut über den Zystchen vorerst zu verdünnen; das geschieht am besten mit nächtlichen Applikationen von Emplastrum saponatum salicylicum, das in der eingangs (Seite 6) angeführten Modifikation längere Verwendung ohne Reizung der Haut gestattet. Die Pflasterstreifen müssen der Form des Gesichtes angepaßt sein; gerade Streifen liegen schlecht. Natürlich geht der Pflaster-Applikation eine Hautwaschung voraus.

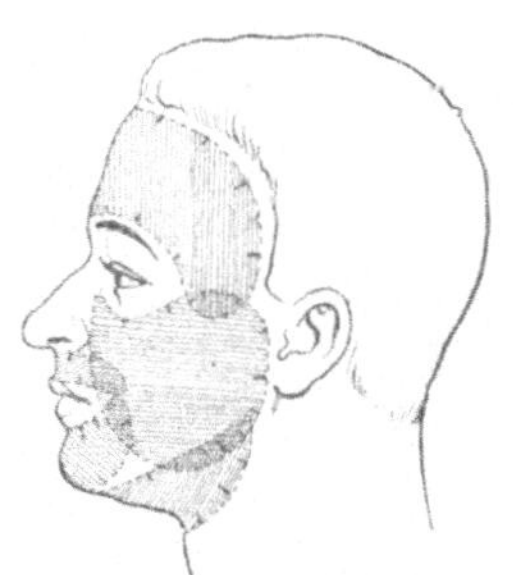

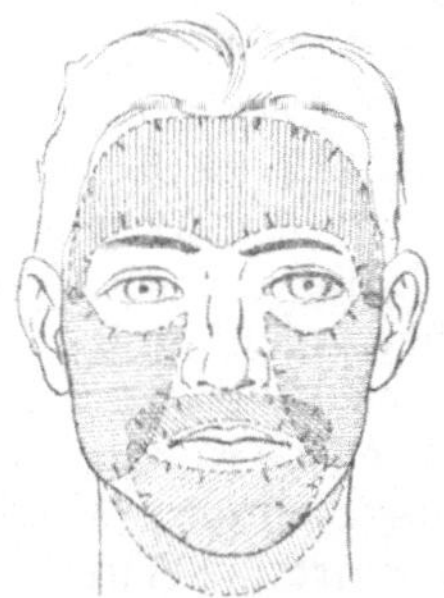

Abbildung 14. Die einzelnen Pflasterstreifen für den Gesichtsverband different schraffiert.

Es seien hier gleich einige praktische Winke für einen gut sitzenden Pflasterverband des Gesichtes gegeben, die auch für Salbenverbände verwendbar sind. Nur rund geschnittene Formen liegen dem Gesichte gut an und nur gut anliegende Verbände sind wirksam. Die gegebene Skizze veranschaulicht die Form der zu schneidenden Pflaster- (im anderen Falle Salben-) Streifen. Alle Pflasterteile schneide man radiär ein, erwärme das Pflaster leicht und drücke es gut an. Darüber lege man gewöhnliche Tafelwatte und verbinde entsprechend. (Abbildung 14.)

Morgens wird das Pflaster entfernt und nun das Gesicht mit heißem Wasser und $2\frac{1}{2}\%$iger Salizylseife gewaschen. Am besten kombiniert man die Waschung mit feinstem

Toilettesand zur Ritzung der Zystchen. Schwefelseife ist bei solcher gleichzeitiger Salizylseifenpflaster-Applikation wegen der Entwicklung von Schwefelblei (Schwarzfärbung) zu vermeiden.

Natürlich kann nicht eine Pflasterapplikation hier helfen; diese Therapie muß durch 2—3 Wochen fortgesetzt werden, bis alle Zystchen beseitigt sind. Führt diese Methode aus verschiedenen objektiven und subjektiven Gründen zu langsam zum Ziele, so kann man mit einem feinen Lanzettchen die Zysten — in der Spaltrichtung der Haut! — schlitzen und mit dem perforierten scharfen Löffel auspressen oder noch besser, man bohre sie mit dem Beutelrockbohrer an, ähnlich wie die weiten Poren. Dieser Verletzung der Zystchen muß dann die heiße Waschung mit Salizylseife folgen.

Kommt es zur Entzündung der Zystchen oder der Komedonen, zur Vereiterung der Talgdrüsen, dann entsteht die vollentwickelte Acne vulgaris. In der Regel ist das Bild ein kombiniertes: Kleine Eiterungen neben Komedonen. Bei oberflächlichem Sitze der Aknepusteln, Acne superficialis, muß in erster Linie die Eröffnung der Pusteln erfolgen. Man mache das aber nicht mit Lanzetten oder mit dem Mikrobrenner — wie es vielfach geübt wird —, sondern vermittels energischer heißer Seifenwaschungen, wozu am besten bei ausgedehnter Gesichtsakne 10%ige Schwefelseife verwendet wird. (Wurde vorher Emplastrum saponatum salicylicum verwendet, so muß Salizylseife verwendet werden.) Dabei sollen die Pusteln platzen; man muß also energisch waschen, so heiß als möglich. Platzen die Pusteln trotz forcierter heißer Waschung mit Schwefel- oder Salizylseife und Waschlappen nicht, so füge man der Seifenwaschung noch feinsten Toilettesand hinzu. (Die Parfumeure erzeugen besonderen Toilettesand. Die Marmorsandseifen sind meistens zu grob.) Danach folgt eine kalte Dusche und zum Schlusse eine ganz dünne Auftragung von 3—5—10%iger Schwefel-Zinkpaste, je nach Bekömmlichkeit und Wirkung. Je höher der Schwefelperzentsatz vertragen wird, desto besser. Die ganze Prozedur wird am besten am Abend durchgeführt, nachts liegt dann die Schwefelpaste auf. Morgens wird die Paste wieder heiß mit Schwefelseife abgewaschen, das Gesicht kalt nachgeduscht und mit Sulfodermpuder eingepudert.

Bekommt man mit Schwefelzinkpaste bis zu höheren, selbst

15 Prozenten nach zirka 3—4 Wochen noch keine Wirkung, so versuche man eine Schälkur (Seite 25) oder es muß die Behandlung geändert werden, entweder in der Seife oder in der Paste oder in beiden. Statt 10%iger Schwefelseife nehme man 2.5%ige Salizylseife oder Resorzinseife oder Ogeninseife; diese ist eine Sauerstoffseife, die bei zahlreicher Pustelbildung oft recht gut wirkt und vor allem die Eiterungen gut beeinflußt. Statt der Schwefelzinkpaste versuche man 5—8—10%ige Salizylzinkpaste, 3—5%ige Resorzinzinkpaste (diese wegen der Verfärbung durch Licht nur bei Nacht). Aber man ändere seine Behandlung nicht von Woche zu Woche. Tut eine Therapie gut, so setze man sie Wochen, eventuell Monate lang fort.

Bei Menschen, die kein Fett im Gesichte vertragen, muß auch die Zinkpaste als Constituens noch umgangen werden. Man wähle dann die Pasta Zinci mollis als Vehikel.

Sind die Eiterpusteln tiefer gelegen, so daß die Waschung selbst mit Sand und Seifen sie nicht erreicht und nicht zur Eröffnung bringt, dann muß Hitze in Form von Dampf, in Form von heißen Kataplasmen mitwirken, meistens in der Weise, daß mehrmals im Tage zuerst gedampft wird oder mehrere Stunden (mit Unterbrechungen) heiße Kataplasmen gemacht werden. Die Waschung mit Seife und Toilette-Sand folgt. Die heißen Kataplasmen kann man mit 1 : 10 verdünnter essigsaurer Tonerde oder mit ¼%igen wässerigen Lösungen von Sapo viridis machen, doch genügen auch Umschläge mit heißem Wasser, die mit einem kleinen Thermophor heiß erhalten werden. In Ermanglung eines Thermophors kann man auch heißen Leinsamenbrei über den Umschlägen verwenden.

Diese Behandlung ist auch vorteilhaft bei tiefen knotigen Infiltraten der Akne, einer Form, die man als Acne indurata bezeichnet. Sie entstellt oft das Gesicht in arger Weise durch ihre dicht aneinander gestellten, bläulich durchscheinenden, fluktuierenden, recht schmerzhaften Knoten. In solchen Fällen gilt es vor allem, die Knoten entweder zur Resorption oder zur Eröffnung zu bringen. Beides leisten feuchte Wärme und resorbierende Präparate. Unwirksam ist es, in solchen Fällen bloß mit Waschungen und Schwefel- oder ähnlichen Pasten zu behandeln. Geradezu von Schaden ist eine Schälpastenkur; denn sie übt auf die Knoten einen Druck aus, die Infiltrate können sich infolgedessen nicht nach außen eröffnen und verbreiten sich nach den Seiten und nach unten. Das führt zu Konfluenz und schließlich zu den verzweigtesten Unterminierungen und Fistelbildungen. Epithelisieren sich dann die Fistelgänge und folgen hypertrophische Narben, so sind das Entstellungen, die nur sehr schwer mehr mit viel Arbeit und Ausdauer noch zu bessern sind.

Liegt also eine Acne indurata mit tiefen Einzelknoten oder konfluierenden Infiltraten vor, so ist vor allem feuchte Wärme zu applizieren. Man dampfe zum Beispiel eine Viertelstunde. Man benötigt hiezu gar keine besonderen Apparate; ein Topf heißen, dampfenden Wassers genügt. Der Patient hält das Gesicht darüber und umhüllt den Kopf und das heiße Wasser enthaltende Gefäß mit einem Tuche. Darnach folgen zirka eine Stunde lang heiße Kataplasmen, dann eine Waschung mit heißem Wasser und spezifischer Seife. Diese Prozedur mache man 2—3mal am Tage. Des Nachts wird dann zweckmäßig das Areale der Knoteninfiltrate mit Collemplastrum hydrargyri cinereum bedeckt. Man beschränke aber die Pflastermasse wegen der Möglichkeit des Auftretens einer Gingivitis auf das nötigste Minimum, doch nicht so, daß jeder Knoten für sich bedeckt werde; man kann nebeneinander liegende Knoten ganz gut mit einem Stück belegen und halte sich in der Form der Pflasterstreifen wieder an das Schema (Abbildung 14). Zahnfleischpflege ist natürlich dabei dringend notwendig. Vorsichtigerweise versuche man an einer kleinen Stelle, ob der Patient das Collemplastrum hydrargyri cinereum überhaupt verträgt; es gibt nämlich Menschen, die darauf mit Dermatitis reagieren. In solchen Fällen verwendet man 10%iges Emplastrum saponatum salicylicum nach unserer modifizierten Verordnung.

In beiden Fällen, ob Collemplastrum hydrargyri oder Emplastrum saponatum salicylicum zur Anwendung kommt, achte man auf die tagsüber durchzuführende Seifenwaschung. Schwefelseifen vertragen sich mit dem Quecksilber des einen und dem Blei des anderen Pflasters nicht.

Diese Resorptionstherapie mit Pflaster und heißen Kataplasmen ist ohne andere Therapie so lange durchzuführen, bis alle tiefen Knoten geschwunden sind. Sollten zwischendurch oberflächliche kleine Eiterpusteln auftreten, so kann man tagsüber zwischen zwei Hitzeapplikationen heiße Waschungen und 8—10%ige Salizylzinkpaste zur Behandlung wählen.

Haben sich einmal aus konfluierenden Knoten Stränge- und

Platteninfiltrate gebildet, so ist die Behandlung ebenso durchzuführen wie bei Einzelknoten. Die Fistelgänge spritze man mit Pregl-Lösung oder verdünnter Tinctura jodi durch. Dabei spritzt es oft aus zahllosen Fistelgängen weit abseits von der Injektionsstelle. Wenn so die Fisteln nicht veröden, sind sie mit feinsten, scharfen Löffelchen subkutan auszukratzen und dann mit verdünnter Jodtinktur durchzuspritzen. Darauf folgen Pflasterdruckverbände.

Höhensonnenbestrahlungen helfen in solchen Fällen nichts, es sei denn, sie werden als Druckbestrahlungen mit angelegtem Quarzlampenansatz durchgeführt. Man greift nicht gern dazu, weil meistens zirkumskripte Pigmentationen die Folge sind, doch ist die Wirkung solcher Druckbestrahlungen sehr gut. Auch Röntgen hilft in solchen Fällen, doch ist die bestehende Gefahr nicht zu vergessen.

Sind die tiefen Knoten alle geschwunden, wozu man oft viele Wochen braucht, dann wird die Behandlung mit jenen Mitteln fortgesetzt, die bei den superfiziellen Fällen Anwendung finden. Auch diese Behandlungen sind lange — monatelang — durchzuführen. Man macht oft die Erfahrung, daß die Akne scheinbar geheilt ist und doch tritt zur Zeit der Menses wieder die eine oder die andere Pustel auf. Das sind stets Zeichen, daß die Behandlung noch nicht beendet werden darf.

Im Vorstehenden ist sozusagen das Prinzip einer Acne-vulgaris-Behandlung niedergelegt. Es führt in den meisten Fällen zum Erfolge. Nichtsdestoweniger erlebt man auch Enttäuschungen, für die nicht immer eine Ursache erkennbar ist. In solchen Fällen handelt es sich zumeist um Erkrankungsbilder, die nicht über das ganze Gesicht disseminiert, sondern bloß lokalisiert sind. Zumeist ist die Kinngegend allein ergriffen oder die Akne hat nur die Schläfengegenden befallen, seltener ist die Stirne das Lokalisationsgebiet. Für diese Fälle sei gesagt, daß sie der Salizyl- oder Resorzintherapie besser zugänglich sind als jeder anderen.

In der Regel stellen die behandlungsrefraktären Fälle die oberflächlich in der Haut situierten Pusteln dar, die immer wieder rezidivieren. Die indurierten, tiefen Akneknoten gehen meistens auf die bisher beschriebenen Therapieratschläge zurück.

Oberflächliche, hartnäckige, kleine Pusteln reagieren mitunter auf Sauerstoffseifen (Ogeninseife) oder auf Autovaccine und Schälpasten. Manchmal beobachtet man auch Erfolge erst mit hohen (20%) Schwefelpasten. Die so häufig geübten Höhensonnenbestrahlungen sind fast nur von temporärem Werte. Diese Therapie soll nur eine unterstützende und nicht eine essentielle sein; besonders in refraktären Fällen kann man durch die vorübergehende günstige Wirkung der Quarzstrahlen auf die Psyche mancher junger Patienten einwirken, die in der Erkrankung eine schwere Schädigung ihrer Persönlichkeit erblicken.

Natürlich wird man in solchen refraktären Fällen auch auf eventuelle Dysfunktion der einen oder anderen endokrinen Drüse (Keimdrüse, Hypophyse) Rücksicht nehmen. Bei anämischen jungen Mädchen nützt mitunter eine gegen die Anämie gerichtete Therapie, bei chronisch obstipierten Individuen ist manchmal die Regelung der Darmfunktion von Vorteil. So wirken die vielfach verwendeten Blutreinigungstees nur als Abführmittel.

Außerdem kommen alle die Seborrhoe bessernden Faktoren in Betracht. Es sei auf einen im Sommer oft leicht möglichen Aufenthalt im Hochgebirge hingewiesen; man wähle Höhen über 1000 Meter Seehöhe, die die Gewähr des an Ultraviolettstrahlen reichen Lichtes und den Vorteil der staubfreien Luft geben und außerdem die oft gleichzeitige Anämie wenigstens temporär korrigieren.

Von fast sicherem Effekte ist die öftere Röntgenisierung, am besten mit kleinen, nicht gefilterten Strahlenmengen, jedoch sei sie aus den schon eingangs angeführten Gründen doch nur für die allerschwersten Fälle reserviert. Schließlich ist noch die Massage des erkrankten Gesichtes und die Douche filiforme, eine Massage mit unter höherem Druck stehendem, heißem, dünnem Wasserstrahl, zu erwähnen; sie sollen Heileffekte geben. Es mag da jeder seine eigene Erfahrung haben.

Oftmals werden Quecksilberpräzipitat-Salben — weiß, gelb und rot — verordnet. Sie nützen bei Akne vulgaris nichts, es sei denn, daß die Diagnose unrichtig war. Derlei kommt öfter vor und daher soll hier einiger kleiner diagnostischer Schwierigkeiten gedacht werden, die sich im Gefolge natürlich auch therapeutisch geltend machen. Da ist vor allem die Acne varioliformis zu nennen. Die typischen Formen sind leicht erkennbar. Es gibt aber abortiv verlaufende Fälle, die sich besonders in der Backenbartgegend lokalisieren und nicht intensiv inflammierte, sondern mehr livide, der Folliculitis ähnliche Knötchen setzen. Zu varioliformen Narben kommt es nur andeutungsweise. Dann gibt es Fälle von Acne varioliformis, die einem konfluierenden impetiginösen Ekzeme, zum Beispiel beider Supercilien ähneln. Nur die genaue Inspektion läßt nach Entfernung der Krusten kleinste Ulzera und Närbchen erkennen. Auch kleingummöse oder kleinpapulöse Syphilide können diagnostische Irrtümer verursachen. Es sei hier an all diese Möglichkeiten nur erinnert; die therapeutischen Ratschläge werden im Kapitel über die Acne varioliformis folgen.

Noch eine der Acne vulgaris ähnliche Affektion gibt es, die Acne urticata; sie setzt bloß im Gesicht oder auch am oberen Stamme unter intensivem Jucken kleine quaddelartige Effloreszenzen, die stets zerkratzt werden und nach endlicher Abheilung intensiv pigmentierte Flecke hinterlassen. Diese Affektion heilt auf lokale Quecksilber-Therapie meistens rasch ab. Oft genügen Quecksilber-(4% Afridol-)Seifenwaschungen allein. In hartnäckigen Fällen kann man noch dazu Sublimatalkohol-Eintupfungen und zirka 10%ige Quecksilberpasten verordnen, die aber stets ganz dünn aufzutragen sind:

Rp. Hydrarg. bichlorat. corros. 0.1—0.5 (!), Spirit. vini dilati (70%) ad 100.0; S. signo veneni; S. Zum Eintupfen, früh und abends nach dem Waschen

Rp. Hydrarg. praecip. albi 1.5—3.0, Pastae Zinci oxydati 30.0; M. F. pasta; S. Über Nacht ganz dünn aufzutragen.

Die Wirkung der Behandlung ist nicht prompt, doch nicht zu verkennen. Man führe die Therapie nur lange genug fort. Gewisse Vorsicht ist nötig, da manche Patienten Quecksilber nur in kleinsten Dosen vertragen.

Alle die weiter oben besprochenen therapeutischen Maßnahmen gelten im allgemeinen der Acne vulgaris des Gesichtes. Viel langwieriger sind oft die Erscheinungen am Stamme, über Brust und Rücken, die Oberarme mitunter miteinbeziehend. Auch hier wirken Waschungen mit heißem Wasser und spezifischen Seifen, Dampfbäder, Pasten- oder Puderbehandlungen am besten. Nur lehrt die Erfahrung, daß im allgemeinen hier 2.5- bis 5%ige Salizylseifen oder 2%ige β-Naphthol-Resorzinseifen besser wirken als Schwefelseifen. Auch wirkt meistens die 8—10%ige Salizylzinkpaste besser als die 5—10%ige Schwefelzinkpaste. Wird die Pastenbehandlung wegen der Wäsche-Einfettung abgelehnt, so versuche man Sulfoderm-Puder oder 3%igen Salizylpuder mit einigen Prozenten Schwefels versetzt. Eine gute Kombinationstherapie stellt hier die — allerdings lange durchzuführende — Höhensonnenbestrahlung dar. Im Sommer wähle man die Sonne am Meere oder im Hochgebirge.

Die schweren Formen der Acne vulgaris, wie die Acne aggregata sive conglobata können im Rahmen dieser Auseinandersetzungen nicht besprochen werden; sie gehören nicht mehr in das Gebiet der Kosmetik.

Mit wenigen Worten sei noch jener Fälle gedacht, wo junge Frauenspersonen über eine oder die andere Aknepustel im Gesichte oder am Dekolleté klagen, die just knapp vor einem gesellschaftlichen Ereignis entstanden ist. In einem solchen Falle soll diese eine Pustel rasch beseitigt werden. Hier leisten mitunter oftmals im Tage vorgenommene Eintupfungen mit 1%igem Salizylalkohol Gutes. Über Nacht lege man ganz zirkumskript 10%ige Salizylzinkpaste auf oder man mache eine äußerst vorsichtige Elektrokoagulation dieser Pustel oder schließlich bestrahle man ganz umgrenzt (etwa linsengroß) diese eine Pustel mit einer Erythemdosis der Höhensonne.

Die der Akne folgenden kosmetischen Veränderungen, wie Pigmentationen, atrophische oder fibromatöse Narben sollen bei den entsprechenden Kapiteln ihre Besprechung finden.

Seborrhoea capillitii.

Die Seborrhoe der behaarten Kopfhaut tritt wieder in zwei Arten auf: entweder die Erkrankung äußert sich in der oleosen, fettriefenden Form oder in der Form der sogenannten Seborrhoea sicca. Besonders die fettige Form ist wie im Gesicht sehr schwer zu beeinflussen. Nur lange fortgeführte Behandlungen führen zum Erfolg. Oft ist die ölige Sekretion so hochgradig, daß unter unseren Augen die Fettropfen aus der Kopfhaut hervorquellen. Gierig werden sie von den Haaren aufgenommen und allmählich bis in die Haarspitze gesaugt. Gut, wenn die Haare der von dieser Seborrhoe befallenen Frau noch ungeschnitten, noch lang sind; dann verteilt sich das Fett schließlich auf das ganze Haar. Wenn es aber gekürzt ist, staut sich das Fett und das Haar erscheint noch fetter. Es mögen sich also die

Seborrhoe-Damen die übermäßige Fettsekretion nicht zur Ausrede für den „Bubikopf“ nehmen; sie tun nicht gut daran.

Vorweggenommen sei, daß die Fettsekretion durch Schweiß gesteigert wird, daß ebenso die häufige Wasserwaschung bei Seborrhoe oleosa capillitii schädlich ist. Man wasche also nicht zu häufig, wenn möglich nur zwei- bis dreiwöchentlich. Die Reinigung kann auf verschiedene andere Weise als mit Wasser und Seife vorgenommen werden. Die einen wählen Haarpetrol, die anderen Benzin. Beides ist feuergefährlich und trocknet die Haare zu sehr aus, so daß das Haar darnach einer geringen Brillantineinfettung bedarf. Wählt man Wasser zur Reinigung der Haare, dann verwende man 10%ige Schwefel- oder 2.5%ige Salizylseife oder Teerseifen, bei dunklen Haaren ist auch Resorzinseife oder Resorzin-β-Naphtholseife verwendbar. In der Zwischenzeit kann man die Haare mit Puder reinigen. Es werden hiefür verschiedene Puder empfohlen. Am besten bewährt sich der „Schwarzkopf-Trockenpuder“ der Elida-Werke. Der Puder wird auf die Haare eingerieben und dann mit weicher Bürste gut ausgebürstet; er nimmt das Fett gut weg, ist aber ein reines Kosmetikum ohne Heilwert auf die Seborrhoe. Ähnlich wirkt auch:

Rp. Amyli Oryzae 20.0, Pulv. rad. ireos 3.0, Farinae solani 20.0 mit Beigaben von Sienna oder Ocker 4.0—6.0 für Blonde, von Carbon. tiliae 8.0 und Beinschwarz 2.0 für Schwarzhaarige und Spuren von Ultramarin für Weißhaarige. Die Farbbeigaben können natürlich auch wegbleiben.

Die Seborrhoe zu beeinflussen ist nur möglich durch Einwirkung eines Seborrhoe-Spezifikums auf die Talgdrüsen. Man darf sich aber auch von diesen Mitteln nicht zuviel erwarten. Speziell die Seborrhoea oleosa reagiert auch auf konzentriert angewendete Präparate nur gering. So wirkt der 1%ige Salizyl- oder Resorzinalkohol gar nicht. 3—5%ige Salizyl- oder Resorzinlösungen wieder schädigen die Haarkutikula derart, das Haar wird derart brüchig, daß sie — wenigstens auf die Dauer — nicht verwendbar sind. Mit Salben, die Schwefel, Salizylsäure, Resorzin oder Tannoform enthalten, kann man nur dann einen kleinen Effekt erzielen, wenn sie die einzelnen Präparate in möglichst hoher Konzentration enthalten, so Schwefel zirka 50%, Salizylsäure 10%, Resorzin 5%, Tannoform 10—20%. Auch bei diesen hohen Konzentrationen ist immer noch das Salbenvehikel durch seinen Fettgehalt unerwünscht, so daß es besser ist, die Seborrhoespezifika in pulveriger Form auf die Kopfhaut zu bringen. Ziemlich gut eignet sich dazu folgende Zusammenstellung:

Rp. Lactis sulfuris, Talci Veneti ãã 15.0, Tannoformi 6.0, Acid. salicyl. 1.5, Ol. rosar. gtt. II.

Dieses Pulver wird nach Scheitelung der Haare auf die Kopfhaut mit einem flachen Pinsel (am besten eignen sich dazu die Ölfarbenpinsel der Maler) sorgfältig eingepinselt. Die Haare selbst sollen mit dem Puder möglichst gar nicht berührt werden. Nachdem man eine Scheitelung von der Stirnhaargrenze bis in den Nacken durch mit diesem Puder eingepinselt hat, wird knapp neben der ersten Scheitelung eine zweite gemacht und auch diese eingepinselt usw., bis der ganze Kopf gut eingepudert ist. Diese Prozedur wird ein- bis zweimal wöchentlich gemacht; der Puder bleibt eine Woche auf der Kopfhaut liegen. Während dieser Zeit hat die Patientin dafür zu sorgen, daß der Puder, von der seborrhoisch-fetten Kopfhaut festgehalten, auf dem Capillitium liegen bleibt. Bei der täglichen Frisur darf nur mit einer weichen Bürste gebürstet, nur mit einem weitzahnigen Kamme frisiert werden. Des Nachts ist das Gesicht vor etwa abfallendem Schwefel zu schützen. Man besorgt das am besten so, daß das Capillitium mit einem Tuch eingebunden oder mit einem Häubchen bedeckt wird. Natürlich darf das keine Gummihaube (Badehaube) sein, weil die Kopfhaut darunter transpirieren würde. Etwa abfallender, auf der Gesichtshaut liegenbleibender Schwefel erzeugt Dermatitis faciei mit konkommittierendem Jucken. Sollte trotz aller Vorsicht eine Dermatitis entstehen, so geht die Schwellung unter indifferenter Einpuderung bald wieder zurück. Vorsichtige bedecken nachtsüber die Stirnhaut von vorneherein mit Reismehl oder sonst einem indifferenten Puder. Nachdem die Schwefel-Tannoform-Salizyl-Pudermasse eine Woche auf der Kopfhaut liegen geblieben ist, beginnt die Kopfhaut zu jucken; es leitet sich unter der Wirkung des Puders eine Schälung ein. Diese wird beschleunigt durch Eintupfungen mit 1%igem Salizylalkohol. Bürste, Staubkamm helfen mit. Nach einigen Tagen ist das ganze Capillitium geschält. Ist diese Prozedur beendet, so folgt eine zweite Schwefel-Tannoform-Salizyl-Puderung. Der Puder bleibt wieder eine Woche liegen und wird am Ende dieser Woche mit Schwefelseife abgewaschen;

damit ist der zweite Zyklus beendet. Man mache nun mehrere solche Zyklen und wird konstatieren können, daß die Fettsekretion nach einiger Zeit geringer geworden ist. Später kann man zwischen zwei oder drei Zyklen einige Tage Alkoholeintupfungen machen lassen mit einer der bei der Seborrhoe des Gesichtes empfohlenen wirksamen alkoholischen Lösungen. Sehr viel Freude wird weder Arzt noch Patient an dieser Behandlung haben, denn die Prozedur ist recht zeitraubend und bessert die Seborrhoe oleosa nur wenig, meistens nur so lange, als die Behandlung durchgeführt wird. Bessere Mittel haben wir eigentlich nicht. Man kann auch Sulfoderm-Puder (Heyden) in gleicher Weise einpinseln. Die so oft angewendete Höhensonnebestrahlung hilft noch weniger, und die Hormonpräparatenerzeuger versprechen auch mehr, als sie halten können. Ganz kleine Röntgendosen sind mitunter von Nutzen, aber auch nur temporär.

Keine therapeutische, aber eine kosmetische Wirkung erzielt man mitunter, wenn man Damen mit intensiver Fettsekretion des Kopfes den Rat gibt, sich die Haare in „Dauerwellen“ legen zu lassen. Bei der modernen Kurz-Haar-Tracht ist der eventuelle Schaden stark entfetteter, sogar abbrechender Haare nicht so schwerwiegend wie bei langgetragenen Haaren. Bei künstlich gewelltem Haar ist die intensive Fettsekretion niemals so auffallend als bei schlichtem Haar. Es wird sogar behauptet, daß die Fettsekretion nach der Prozedur der Dauerwellung geringer wurde. Wie dem auch sei, kosmetisch ist manchen Damen mit der Wellenprozedur auf Wochen geholfen.

Vielleicht gutartiger als die Seborrhoea oleosa ist die Seborrhoea squamosa seu sicca. Übrigens ist meistens sie es, die bei den Männern zur Glatze führt. Hier ist es von Vorteil, die bestehenden Schuppen vorerst durch Salben, die mit Seborrhoemitteln versetzt sind, zu beseitigen. Man verwendet dazu entweder 10%ige Schwefelsalben oder 5%ige Salizylsalben oder Kombinationen eventuell auch mit 3—5% Tannoform. Nach einigen Applikationen in 12stündigem Intervalle wird der Kopf gewaschen, um die durch Fett mazerierten Schuppen zu entfernen. Die nun schuppenlose Kopfhaut wird weiter mit in Alkohol gelösten Seborrhoemitteln behandelt, die sich beispielsweise vorteilhaft, wie folgt, kombinieren lassen:

Für Blondhaarige: *Rp.* Acid. salicyl., Euresol, Tct. chinae simpl. seu Tct. gallarum āā 2.0—3.0, Spirit. vin. dil. 100.0.

Für Dunkelhaarige: *Rp.* Resorcini, Acidi salicylici, Tct. chinae simpl., Tct. capsici, Tct. arnicae āā 2.0—3.0, Spirit. vin. dil. 100.0.

Für Weißhaarige ist nur Salicylsäure, höchstens noch Euresol verwendbar.

Oder man verwende alkoholische Emulsionen, die allerdings den Nachteil haben, daß man nach Trocknung des Mittels die auf den Haaren haftenbleibenden Partikelchen mit weichen Bürsten, die mit etwas Brillantin eingefettet sind, ausbürsten muß, da sonst die Haare unschön, wie bestaubt, aussehen. Als solche Emulsion kann man z. B. gebrauchen:

Rp. Sulfoform, Tannoform āā 2.0—3.0, Spir. vin. dil. 100.0. S. Vor dem Gebrauche aufschütteln und auf die Kopfhaut 1—2mal täglich einträufeln.

In neuerer Zeit wird Trilysin gerne und oft mit gutem Erfolge benützt. Es ist ein Gemisch von verschiedenen Alkoholen mit einem Zusatze von Cholesterin und wird von den Promonta-Werken in Hamburg hergestellt.

Die genannten alkoholischen Lösungen und Emulsionen können bei beiden Formen der Seborrhoe, bei der oleosa wie bei der sicca Anwendung finden. Naturgemäß kann man auch mit den verschiedenen Hormonpräparaten sein Glück versuchen. Meistens erzielt man damit keinerlei Erfolge. Höhensonnebestrahlungen sind auch hier in der Regel nutzlos und höchstens von vorübergehendem Effekte.

Über den aus der Seborrhoe resultierenden Haarausfall soll im Zusammenhange mit anderen Ursachen des Haarausfalles gesprochen werden (Seite 110).

Acne rosacea.

Als ursächliche Momente für die Acne rosacea kommen vielfach Stauungen im kleinen Becken in Betracht und hier ist es meistens der weibliche Genitalapparat, der beschuldigt werden muß. Untersucht man alle mit Acne rosacea behafteten Frauen — sie sind ja viel häufiger Träger der Erkrankung als Männer — gynäkologisch, so wird man nicht zu selten ein Myom aufdecken, das der Patientin noch gar keine Beschwerden verursacht. Auch exzessive Lageveränderungen des Uterus und Entzündungen in der weiblichen Genitalsphäre sind oft für eine Acne rosacea verantwortlich. Am häufigsten ist es aber das Klimakterium und die Zeit kurz vor- und nachher, in der sich das unliebsame Krankheitsbild entwickelt. Nur selten stellt es sich bei jüngeren Frauen ein, noch seltener bei jungen Männern. Hier können chronische Darmleiden ursächlich in Betracht kommen. Oder aber man findet schließlich auch nichts, was verantwortlich gemacht werden könnte und das sind in der Regel die unangenehmsten Fälle, weil man ätiologisch nicht eingreifen kann; denn wenn man auch sieht, daß rein lokale Behandlung in oft ganz kurzer Zeit zu sehr schönen Resultaten führt, so erlebt man doch immer ebenso rasch Rezidiven, wenn man nicht ätiologisch behandeln kann.

Worin die ätiologische Therapie besteht, wurde schon angedeutet; etwa vorliegende Erkrankungen des Uterus und der Adnexe sind zu behandeln, klimakterische Beschwerden sind zu bekämpfen, Störungen der Verdauung, Erkrankungen des Darmes, sonstige andere Stauungen im kleinen Becken sind zu beseitigen. Aber auch jede Hyperämisierung anderer Art ist nach Möglichkeit zu meiden; so ist es schädlich, die Speisen und namentlich die Flüssigkeiten zu heiß zu genießen, heiße Suppe, heißer Tee, heißer Kaffee (Cardiaca) werden von den Patienten selbst durch das Hitzegefühl im Gesichte als lästig empfunden, ebenso meiden die Patienten zumeist spontan strahlende Wärme, die Nähe geheizter Öfen und hohe Zimmertemperaturen. Daß auf regelmäßige und reichliche Darmentleerung gesehen werden muß, ist selbstverständlich.

Die initialen Erscheinugen der Acne rosacea sind dem Arzte in der Regel nicht sichtbar; er muß die Diagnose aus den Angaben der Patienten schließen; denn man hört nur allzu oft über Hitzegefühl und Brennen nach der Mahlzeit klagen, ohne daß die Untersuchung irgendwelche Erscheinungen im Gesichte nachweisen könnte. Diese ersten Symptome sind recht flüchtig, sie treten, wie gesagt, nach dem Essen auf und bestehen nur zirka ¼—½ Stunde in einer starken Hyperämisierung der Gesichtshaut. Je länger diese Hyperämisierung besteht, desto deutlicher werden die Symptome. Schließlich bleibt das Gesicht besonders in seinen zentralen Anteilen diffus dunkel- oder mehr hellrot und zeigt kleine, hellrote Knötchen, schließlich Pustelchen und durch die lange Hyperämisierung Gefäßektasien. Ob nun die ersten oder die späteren Stadien vorliegen, die Lokalbehandlung bleibt sich gleich und besteht vor allem darin, daß man das Waschen mit Wasser und Seife verbietet; es reizt. Die

Reinigung wird am besten nur mit 1% igem Salizylalkohol vorgenommen und danach das Gesicht ganz wenig mit

Rp. Lact. sulf., Ichthyol seu Cehasol āā 0.4—1.0, Past. zinc. ox. 20.0.

eingefettet. Man läßt diese Prozedur allabendlich, eventuell auch morgens durchführen. In den meisten Fällen ist schon nach dieser Lokalbehandlung allein in kürzester Zeit eine deutliche Besserung der Rötung und des Hitzegefühls zu konstatieren. Man kann auch tagsüber Sulfoderm-Puder oder

Rp. Lact. sulf., Ichthyol seu Cehasol āā 1.0—2.5, Amyli Oryzae 50.0

als Puder benützen. Dort, wo der geringe Schwefelgehalt der Zinkpaste oder des Puders nicht vertragen wird, nehme man Ichthyol oder Cehasol allein als Zusatz zur Paste. Der Effekt wird sich langsamer, aber doch einstellen. Wo auch Ichthyol oder Cehasol nicht vertragen wird, wähle man statt dieser Acidum salicylicum.

Rp. Acid. salicyl. 1.0—1.6, Past. zinc. oxyd. 20.0; M. F. pasta.

Die Paste bewährt sich besonders in solchen Fällen gut, wo zahlreiche kleinste Pusteln und Eiterbläschen vorhanden sind.

In besonders schweren Fällen von Acne rosacea, in Fällen mit großen Knoten und Pusteln, auch dort, wo sich schon Bindegewebsvermehrung geltend macht, hilft oft sehr gut eine Schälkur, wie wir sie (Seite 25) bei der Acne vulgaris angewendet haben. Andererseits muß man mitunter 2—3 Schälkuren hintereinander durchführen, um zu einem gedeihlichen Ende zu kommen. Als Nachbehandlung ist es von Vorteil, höherprozentige (10%) Schwefel-Zinkpasten zu verwenden, um, je besser die Affektion wird, mit dem Konzentrationsgehalt des Schwefels herabzugehen. Schließlich kommt man mit Sulfodermpuder mitunter allein aus.

Nun gibt es Fälle, in denen sich, manchmal nur einseitig, typische knotige Infiltrate entwickeln. Sie stehen dann in der Regel gruppiert oder zu Platten zusammengeflossen. Hier helfen alle die genannten therapeutischen Maßnahmen in der Regel nichts; man erreicht im Gegenteil nur Verschlechterung der Erkrankung, weil durch alle Schälmethoden sich die Knoten vergrößern. In solchen Fällen gibt eher eine Behandlung einen Effekt, die auf Resorption der entzündlichen Infiltrate hinzielt. Dazu sind heiße Umschläge geeignet oder Emplastrum cinereum-Verbände oder am besten Quarzlampendruckbestrahlungen, die oftmals schon nach einer Bestrahlung die knotigen Infiltrate beseitigen. Die Druckbestrahlung erfolgt mit bestimmten Ansätzen zur Quarzlampe für zirka 5 Minuten. Fernbestrahlungen mit Quarzlicht nützen nichts, wie sie überhaupt bei der unkomplizierten Acne rosacea mehr Schaden als Nutzen bringen.

Da die Acne rosacea durch Hyperämisierung bedingt ist, sieht man zumeist im Sommer Verschlimmerung des Leidens. Es ist aus diesem Grunde Sonnenbestrahlung ebenso wie gewöhnliche Höhensonnenbehandlung zu meiden.

Die bei längerem Bestande der Acne rosacea sich entwickelnden Gefäßerweiterungen gehen naturgemäß mit der Pastenbehandlung nicht zurück. Man kann zwar beobachten, daß kleinste Gefäßerweiterungen oder, besser gesagt, geringe diffuse Gefäßerweiterungen noch auf Ichthyol oder Cehasol reagieren, und man tut gut, bei jenen Fällen von Acne rosacea, die dieses Symptom im Vordergrund zeigen, den Perzentgehalt an diesen Präparaten zu erhöhen. Aber bei größeren Gefäßerweiterungen muß doch eine mechanische Therapie einsetzen; jedes Gefäß muß zerstört werden. Dies gelingt leicht, wenn einzelne Gefäßerweiterungen sichtbar sind. Dann geschieht die Verödung am besten mit dem Mikrobrenner von Unna (Abbildung 6). Man fährt mit dem eben zur Glut gebrachten Brenner jedes einzelne Gefäß nach. Weniger gut eignet sich hiezu die Kaltkaustiknadel. Die Verödungen müssen ganz leicht gemacht werden, dann entstehen wirklich nicht sichtbare Närbchen. Je tiefer, je stärker die Verödung gemacht wird, desto deutlicher narbig wird der Effekt. Bei diffusen kleinsten Gefäßerweiterungen, die Nase und Wangen blaurot erscheinen lassen, ist die Skarifikation am Platze, die darin besteht, daß man mit einer Lanzette oder einem sogenannten Vidalmesser in rascher Folge ganz oberflächlich parallele, dichtgeführte Schnitte setzt. Die daraufhin eintretende Blutung steht auf Kompression. Mehrmalige solche Skarifikationen bessern die diffuse Rötung, doch hinterlassen sie oft kleinste strichförmige Närbchen.

Es gibt noch eine Methode der Gefäßverödung, besonders für diffuse, kleinste Gefäßerweiterungen. Das ist die Behandlung mit Kohlensäureschnee. Diese Behandlung muß aber sehr vorsichtig geübt werden, will man nicht bleibenden Schaden anrichten. Sie ist nur in der Hand des sehr geübten und erfahrenen Kosmetikers brauchbar, so daß sie im allgemeinen besser überhaupt nicht zur

Anwendung kommt. Man vergesse nicht, daß Kohlensäureschnee auch bei ganz kurzdauernder Applikation schon eine bleibende Zerstörung der feinsten Gefäßchen verursacht. Die so behandelte Haut wird arm an kleinen Gefäßen, erscheint blaß. Das kann bei normalen Zuständen und richtiger Anwendung gut wirken. Wenn aber die Kohlensäure-Einwirkung zu intensiv gemacht worden ist und aus irgend welchen Gründen nachher eine Hyperämisierung des Gesichtes eintritt, zum Beispiel aus Zorn, aus Scham, dann wird die ganze, nicht mit Kohlensäureschnee behandelte Gesichtshaut rot und nur die behandelte Partie — in der Regel ist es die Nase — bleibt weiß. Ein solcher Anblick ist so ungewohnt, daß der mit Kohlensäureschnee behandelte Patient unwillkürlich zum Lachen reizt. Eine dunkelrote Nase in einem weißen Gesicht ist nicht schön, aber eine weiße Nase im roten Gesicht wirkt clownmäßig. Außerdem hinterlassen Kohlensäureschnee-Applikationen bei Überdosierung der Applikationsform entsprechende, scharfrandige, quadratische oder runde, leicht deprimierte, atrophische Stellen. Kurz, der Nachteile sind so viele, daß es besser ist, der nicht völlig in diese Behandlung Eingeweihte sieht von dieser Therapie ab. Will er sie trotzdem durchführen, dann wähle er Applikationszeiten von 3—5 Sekunden bei geringem Drucke. Eventuell wiederhole man die Prozedur nach Abklingen der Reaktion.

Fast alle Fälle von Acne rosacea reagieren auf die im Vorstehenden gesagten Maßnahmen rasch und sehr gut. In der Regel sind in 2—4 Wochen die Erscheinungen gewichen. Man setze aber trotzdem die Behandlung in gleicher Weise durch Monate fort, namentlich dann, wenn eine ätiologische Beeinflussung nicht möglich ist. Und selbst wenn ein ursächliches Myom entfernt, eine Ante- oder Retroflexio behoben ist, ist es nötig, die Lokalbehandlung auf Wochen fortzusetzen, will man schließlich einen Dauererfolg erreichen.

Kommt es infolge lange bestehender unbehandelter Acne rosacea zur knotigen Bindegewebsvermehrung, verschlechtert sich das Bild zum sogenannten Rhinophym, dann erreicht man höchstens noch mit Schälkuren gewisse Erfolge. Bei höhergradiger Knotenbildung muß man zum Messer greifen und die einzelnen Erhebungen in der Höhe des Hautniveaus flach abtragen. Man mache nie Keilexzisionen, sondern stets die flache Abtragung mit einem Knopfmesser, weil man auf diese Weise die Modellierung der Nase viel besser vornehmen kann. Die dabei auftretende starke Blutung steht auf Kompression. Den Verband lasse man nicht zu lange liegen; denn schon nach einigen wenigen Tagen setzt Epithelisierung ein, die nicht nur von den Rändern der stehengebliebenen Haut ausgeht, sondern von allen Epithelanhangsgebilden, von den Follikeln, den Talg- und Schweißdrüsenausführungsgängen, so daß die Überhäutung oft in wenigen Tagen erfolgt ist. Kleine Korrekturen etwa schlechter Schnittführung, kleine Stufen, kann der Lapisstift durchführen, aber nur so lange, als nicht Epithelisierung erfolgt ist. Wieder ein Grund, den Kompressionsverband nicht lange liegen zu lassen, sondern eventuell schon am zweiten oder dritten Tag zu wechseln.

Bevor das Kapitel über Acne rosacea geschlossen wird, sei noch an ein Krankheitsbild erinnert, das unter Umständen große Ähnlichkeit mit der Acne rosacea hat: Die Acne luposa sive teleangiectodes Kaposi. Wir wissen, daß es sich hier um eine Form der Tuberkulose handelt, die ebenfalls mit Blaurotfärbung der Haut, oft auch mit Schwellungen der Wangen und aufgesetzten, scharf umschriebenen, halbkugeligen Knötchen einhergeht, die die gleiche Lokalisation haben wie die Acne rosacae. Auch stärkere Exsudation und Krustenauflagerungen fehlen mitunter nicht. Die Knötchen stehen nicht selten in Reihen zu drei oder vier, haben eine braunrote Farbe und geben bei Anämisierung eine braune Eigenfarbe. Viele der Knötchen zeigen eine kleine Nekrose im Zentrum und hin und wieder auch feinste Teleangiektasien. Trotzdem ist die Differentialdiagnose oft nicht leicht und muß durch eine mikroskopische Untersuchung gestützt werden. Diese Fälle heilen naturgemäß unter der Therapie der Acne rosacea nicht. Sie benötigen eine spezifische Allgemeinbehandlung, lokal Licht, Quarz- oder Röntgenlicht, und als Salben am besten 5—10%ige Ichthyolzinkpaste. Die Heilwirkung tritt langsam ein und ist vom Allgemeinzustand des Patienten selbstredend abhängig.

Acne varioliformis.

Unter dem Namen der Acne varioliformis sind zirkumskripte follikulitisähnliche Effloreszenzen bekannt, die mit kleinen Nekrosen und entsprechenden variolaähnlichen Närbchen abheilen. Sie treten fast stets aggregiert auf und lokalisieren sich am häufigsten in der Stirn-Haar-Grenze. Sie kommen auch in der

Superziliargegend, an den seitlichen Nasenpartien, über der Brust und über der Wirbelsäule am oberen Rücken vor. Auch hinter den Ohren findet man sie. Disseminiert streuen sie sich oftmals über das Capillitium aus. Mit Ausnahme der bereits Seite 38, 39 angeführten Formen ist sie leicht erkennbar.

Therapeutisch zeichnet sich das Krankheitsbild einerseits durch ungemein rasche Reaktion auf richtige Therapie, andererseits durch häufiges Rezidivieren und lange Dauer aus. Ätiologisch wissen wir nichts. Manche Autoren behaupten einen Zusammenhang mit Magendarmkrankheiten und lassen gern eine Karlsbader Abführ- und Diätkur machen. Mitunter scheint ein gewisser Einfluß dieser Kur wahrscheinlich, häufiger aber sieht man keinen Effekt davon. Am besten helfen immer noch lange durchgeführte Lokalbehandlungen. Geradezu spezifisch wirken Quecksilberpräparate. Man wäscht deshalb mit Quecksilber-(4% Afridol-)Seife und Wasser, tupft dann mit 0.1—1%igem Sublimat-Alkohol ab und fettet über Nacht mit 10%igen weißen Quecksilberpasten oder Quecksilbersalben ein. Ist das Krankheitsbild scheinbar geschwunden, so behandle man wegen leichter Rezidive noch Monate lang, wenigstens mit der Quecksilberseife und mit Sublimatalkohol weiter. Eine solche Behandlung wirkt subjektiv als Toilette und ist doch sehr wirksam. Wenn Quecksilber nicht vertragen wird, versuche man Schwefel in Form von 10%igen Seifen, 3%igem Salizylalkohol und etwa 5%igen Schwefelpasten oder Schwefelsalben. Lichtbehandlung wirkt wenig.

Nasenröte.

Die Ursache der Nasenröte ist mannigfaltig. Sehr häufig ist sie bedingt durch eine Acne rosacea, dann fällt die Behandlung mit der Therapie jenes Leidens zusammen. Anderseits kann eine Nasenröte durch eine Folliculitis der Nasenhaare, der Vibrissen, oder bei längerem Bestande durch eine Sycosis vibrissarum bedingt sein. Auch ein beginnender Furunkel setzt eine allerdings sehr schmerzhafte Rötung. Diese Erkrankungen zeigen die Nase meistens in hellem Rot, während die Erfrierung ein mehr blaurotes Kolorit aufweist. Schließlich ist noch die Granulosis rubra nasi mit den kleinen, gelblichroten Knötchen und der Schweißsekretion nicht zu vergessen. Der Seborrhoea nasi mit den fettigen Schuppen wurde schon gedacht (Seite 28).

Die durch eine innere Nasenerkrankung bedingte Nasenröte muß therapeutisch von innen beeinflußt werden, d. h. es muß vor allem durch Untersuchung der inneren Nase die Erkrankung festgestellt werden. Zumeist liegt eine Folliculitis acuta oder chronica vor. In solchen Fällen ist die Epilation der Haare des Naseninnern nötig. Man kann die Nasenhaare büschelweise ohne Schmerz epilieren, höchstens daß ein Reiz entsteht, der Niesen auslöst, darauf folgt am besten ein dem Naseninnern gut anliegender, also ziemlich dicker Tampon aus Watte, der mit warmer, etwa $\frac{1}{4}$%iger Sapo-viridis-Lösung getränkt ist. Man kann auch $\frac{1}{2}$%iges Resorzinwasser, bei starker Entzündung vorerst Liquor Burowi (1 : 10 Wasser) wählen, doch wirken im allgemeinen desinfizierende Seifenlösungen, so eine $\frac{1}{4}$%ige Sapo-viridis-Lösung besser als der antiphlogistische Liquor Burowi. Bei akuter Follikulitis genügt eine einmalige Epilation, bei chronischer Sykosis muß eine wochenlange Epilation sämtlicher Nasenhaare durchgeführt werden. Die so oft zur Ausheilung angewendete weiße Quecksilberpräzipitalsalbe tut in der Regel nicht ihre Dienste, wohl aber eine Salbe nach folgender Zusammensetzung:

Rp. Acid. salicyl. 1.0, Ichthyol seu Cehasol, Zinc. oxyd. āā 2.0, Ung. simpl. 20.0.

Oder

Rp. Resorcin 0.2, Zinc. oxyd. 2.0, Ung. simpl. 20.0.

Jedenfalls tun öfters im Tage gemachte Seifentampons sehr gut. Man kann sie mit einer der obigen Salben abwechselnd verwenden.

Nasenfurunkel, oft sehr schmerzhaft, gehen ebenfalls auf Seifenbehandlung meistens gut zurück. Wir wählen Seifenwasserumschläge und machen sie mit Watte und ungefähr $\frac{1}{4}$—$\frac{1}{2}$%iger Sapo-viridis-Lösung, aber nur stundenweise. Die Umschläge sollen möglichst warm gemacht werden. Die Schmerzen gehen oft schon nach der ersten Seifenapplikation zurück. Eventuell können auch Quarz- oder Röntgenstrahlen Gutes leisten. Man wähle kleine, nicht erythemgebende Dosen. Auf die Gefahr eventueller Sepsis, ausgehend von einem Nasen- oder Lippenfurunkel, braucht hier nicht eingegangen werden; sie ist bekannt.

Blaurot ist die Nase nach Erfrierungen. Ist es schon schwierig, die Effekte von Congelationes nasi leichten Grades zu entfernen, so verhalten sich stärkere Erfrierungen der Nase fast gegen jede Therapie refraktär. Am besten wirkt noch hochprozentige (10—15%) Cehasol- oder Ichthyol-Zinkpaste. Skarifikationen nützen nichts, fast ebenso gering ist der Einfluß kleinster Kohlensäureschneedosen, und große Dosen führen zur völligen Weißfärbung der Nase mit Atrophien oder großen Narben. Von der öfters angepriesenen Faradisation der Nasenhaut sieht man auch keine Effekte. So bleibt vielfach nur die Schminke als letztes, das Übel zu verdecken. Man versetze sie zumindest mit etwas Cehasol oder Ichthyol (etwa 1—2%); die Beigabe dieses Präparates adstringiert in frischen Fällen doch noch die kleinen paretischen Gefäße und erhöht die Farbenähnlichkeit mit der Haut. In schweren Fällen sind Heilversuche machtlos.

Ebenso schwierig ist es, eine G r a n u l o s i s r u b r a n a s i zu beseitigen. Wenn man auch mit S c h ä l k u r e n, mit 3 bis 5%iger S c h w e f e l - Z i n k p a s t e, mit R ö n t g e n gewisse Erfolge erzielt, so sind sie meistens doch nur recht passagerer Natur. Oft ist es am besten, man macht tägliche Puderungen mit 1—2%igem Schwefelpuder oder man verwendet versuchsweise Sulfodermpuder. Man kann auch 3—5%igen Salizylpuder gebrauchen, den man mit etwas Ichthyol oder Tannoform, eventuell mit ½%igem Formalin versetzt. Durch die wirksamen Mittel, Ichthyol und Tannoform, bekommt man gleichzeitig eine der Hautfarbe ähnliche Pudermasse.

Erkrankungen der Lippen.

Als häufigste Erkrankung der Lippen ist der H e r p e s zu nennen, der als Symptom einer fieberhaften Erkrankung oder auch als rezidivierender Herpes „nervöser Art" besonders lästig ist. Hier handelt es sich kosmetisch meistens um den Wunsch rascher Abheilung und Verdeckung des entstellenden Übels. Viel läßt sich da allerdings nicht machen. Vor allem können wir dem Rezidivieren des Herpes keine Schranken setzen; denn eine verläßliche Behandlung in diesem Sinne ist nicht bekannt. Lokal bringt man das Übel am raschesten zur Abheilung, wenn man den Herpes mit Puder bestreut. Sind bereits eingetrocknete Bläschenkrusten vorhanden, so ist eine indifferente Lippensalbe, wie sie als Fettpomade im allgemeinen Teil empfohlen ist, am besten wirksam.

Rp. Cerae albae 7.0, Cetacei 2.0, Ol. vaselini 12.0, Acid. borici 0.3; M. F. ung.

Lippen-Ekzeme, wie sie als akute oder auch mitunter als chronische nach stark aromatischen Mundwässern oder nach manchen Lippenstiften entstehen, bedürfen symptomatischer Behandlung und werden in der Regel in ihrer Akuität mit Borwasserumschlägen behandelt. Die chronischen Formen der Lippenekzeme, die meistens mit einer leichten Verdickung der ganzen Lippe, mit Schuppung und Rhagadenbildung im Lippenrot einhergehen, reagieren am besten auf das allerdings schon obsolete Emplastrum minii, das man Nachts auflegt, während man sich über Tag mit der Lippensalbe benügt. Die Zusammensetzung und Darstellung des Emplastrum minii ist folgende:

Rp. Ol. olivarum 30.0, Minii 15.0, Cerae flavae 2.5, Camphorae 0.5.

Olivenöl und Minium werden unter Erhitzen bis zu Pflasterkonsistenz verrührt, dann wird das Wachs und halberkaltet der im Öl gelöste Kampfer hinzugesetzt.

Die oft mit Rhagaden einhergehenden Ekzeme der Mundwinkel sind bereits Seite 28 besprochen.

Gefäßveränderungen.

Diese Erkrankungen können angeboren oder akquiriert sein. Die angeborenen Gefäßanomalien — die Gefäßnaevi im weitesten Sinne des Wortes — sind meistens hyperplastischer Natur, selten hypoplastischer; die hypoplastischen entsprechen dem sogenannten Naevus anaemicus.

Der Naevus anaemicus kommt zustande, wenn an irgend einer Stelle die Entwicklung der normalen Gefäßanlage ausbleibt und sich dafür bloß nicht erweiterungsfähige Kapillaren entwickeln. Entsprechend diesem biologischen Aufbau tritt der Naevus anaemicus als blasser „anämischer“ Fleck in Erscheinung. Er ist verschieden groß, linsen- bis handtellergroß, oft bandförmig, meistens halbseitig angeordnet und ähnelt infolge des Farbenkontrastes einer Vitiligoplaque, von der er sich aber durch völliges Verschwinden bei Glasdruck auf ihn und die Nachbarschaft unterscheidet, da die Entleerung der Gefäße der normalen umgebenden Haut den Kontrast zwischen ihr und dem Naevus ausgleicht, während dieser Versuch an den Randpartien einer Vitiligo naturgemäß nicht gelingt. Anderseits läßt eine Hyperämisierung des Naevus anaemicus und seiner Umgebung, zum Beispiel durch Reiben mit einem Lappen, den Naevus als blaß bleibenden Fleck in hyperämischer, hellroter Umgebung noch deutlicher werden. Der Naevus anaemicus ist meistens an den oberen Brust- oder Rückenpartien, selten am Halse, noch viel seltener im Gesichte lokalisiert. In zarter, blasser Frauenhaut ist er weniger auffallend, immerhin ist er doch öfters Ursache ärztlicher Intervention besonders dann, wenn er an freigetragenen Körperstellen lokalisiert oder durch eingesprengte Gefäßektasien, wie sie zuweilen beobachtet werden, kompliziert ist. Im übrigen scheint er beim weiblichen Geschlechte seltener vorzukommen als beim männlichen.

Was nun die Beseitigung des Naevus anaemicus anlangt, so muß man zugeben, daß wir machtlos sind; wir sind nicht imstande, dort Gefäße zu produzieren, wo keine sind. Versuche, an Stelle eines Naevus anaemicus Entzündungen zu setzen, die nachträglich zur Gefäßneubildung führen, mißlingen. Es bleibt also nichts übrig, als das fehlende Kolorit des Naevus durch Schminke zu ersetzen. Auf welche Weise das im Einzelfalle am besten erfolgt, ist individuell verschieden. Am häufigsten wird etwas indifferente Creme mit aufgelegtem hautfarbenem Puder über Defekte des Farbentons hinweghelfen. (Creme und Puder siehe im Allgemeinen Teile Seite 3, 4 und 5.)

Dem Manko der Gefäßverteilung steht als Plus der Naevus vascularis gegenüber. Es handelt sich hier um die verschiedensten angeborenen oder bald nach der Geburt hervortretenden, aus Blutgefäßen sich zusammensetzenden Affektionen. Die geringfügigste Form ist die einer punktförmigen Gefäßerweiterung, die allein oder mit sternförmig nach der Peripherie sich ausbreitenden Gefäß-Reiserchen in Erscheinung tritt (Spinnuwebennaevus). Öfters erreichen die Gefäßmäler auch größere Ausdehnung und zeigen dann ein kleines Netz verzweigter und untereinander kommunizierender Gefäßerweiterungen. In dieser Form kombinieren sie sich mit dem Naevus anaemicus.

Auffallender sind die diffusen, als Feuermäler bezeichneten Mißbildungen.

Schließlich kommen noch die kavernösen Angiome in Betracht; sie sind meistens oberflächlich, kutan gelegen, aber auch subkutan. Im letzteren Falle scheinen sie oft nur bläulich durch die Haut durch.

Zwischen all den genannten Formen gibt es Kombinationsbilder, auf die die Behandlung entsprechend Rücksicht nehmen muß.

Die Entfernung des Spinnwebennaevus, der zumeist im Gesichte oder an der oberen Brustpartie sitzt, ist einfach. Eine eben in dem Bruchteil einer Sekunde durchgeführte, oberflächlichste Berührung mit dem kleinsten, kaum glühenden Mikrobrenner von Unna (Abbildung 6) an der Stelle der zentral gelegenen punktförmigen Ektasie genügt in der Regel, um das ganze Mal mitsamt den peripheren Gefäßreiserchen für immer zu beseitigen. Bei der stichartig, raschest geführten Behandlung passiert es allerdings zuweilen, daß das kleine Angiom nicht ganz, sondern nur seitlich getroffen wird. Es verödet dann nicht. In diesem Falle hat nach kurzer Zeit eine zweite konforme Behandlung zu erfolgen. Eine etwaige kleinste Blutung steht auf eine zweite sofort vorgenommene leichte Kauterisation.

Eine Anästhesierung der zu behandelnden Stelle ist bei der einen Bruchteil von einer Sekunde währenden Behandlung nicht nötig. Steht dem behandelnden Arzte elektrischer Strom nicht zur Verfügung, so tut der im Gas- oder Spiritusbrenner erglühte Mikrobrenner oder eine erhitzte stärkere Stecknadelspitze denselben Dienst.

Bestehen mehrere spinnwebenartige Naevi kommunicierend nebeneinander, so genügt es, die einzelnen, im Zentrum der Naevi liegenden punktförmigen Erweiterungen zu veröden. Es obliterieren dann auch die strichförmigen, sie verbindenden Gefäßstämmchen. Sind diese so reichlich vorhanden, daß auf der Haut ein deutliches Netz entsteht, dann ist man allerdings genötigt, auch die einzelnen Äderchen zu veröden. Es geschieht am besten durch oberflächliches Nachfahren der Äderchen mit dem Mikrobrenner oder der dann immer wieder erhitzten Nadel. Es soll dabei nicht zur Eröffnung des Gefäßes, sondern bloß zur Koagulierung des Blutes durch die Hitze kommen.

Die kleinen punkt- und strichförmigen Verbrennungsschorfe fallen in einigen Tagen unter Puder ab.

Was nicht verödet ist, muß in einer zweiten und nötigenfalls dritten oder noch weiteren Sitzung zerstört werden. Jedenfalls ist die genannte Form des Naevus vascularis als einfachste am leichtesten traktabel und am schnellsten kosmetisch einwandfrei zu beseitigen.

Der Naevus flammeus hingegen ist eine der schwierigst behandelbaren Mißbildungen. Man begegnet deshalb vielen Menschen mit ausgedehnten Feuermälern, die entweder ganz unbehandelt sind oder entstellende Versuche durchgemachter Therapie tragen.

Dieser Naevus zeigt verschiedene Formen; entweder er ist ziemlich hellrot und entspricht der oberflächlichsten Gefäßschichte der Haut oder er ist dunkler rot, mehr blaurot bis weinrot. Dann sind es besonders die tieferen Gefäßschichten, die an der Naevusbildung beteiligt sind. Außerdem sind speziell die letzteren Fälle in ihrer Oberfläche nicht flach, sondern durch eingelagerte kleine oder größere kavernöse Angiome höckerig. Auch die Ausdehnung des Naevus ist verschieden; die einen sind fleckförmig, die anderen streifenartig, andere wieder sind ausgedehnt netzförmig oder diffus und verfärben auf weite Strecken hin die Haut.

Die weniger sichtbaren blassen Naevi flammei können sich im Kleinkindesalter mitunter spontan zurückbilden. Man findet sie zumeist über der Stirn oder der Nase, oftmals im Nacken (an der Haargrenze).

Für wirksame Therapie mit kosmetisch schönem Effekte sind bloß Radium und eventuell noch Kohlensäureschnee zu empfehlen. Alle anderen Methoden führen nicht zu befriedigenden Resultaten. Die Erfahrungen mit der Bucky-Grenzstrahltherapie sind noch zu gering.

Prinzipiell ist zu sagen, daß Radium wie Kohlensäure so früh als nur möglich in Anwendung kommen sollen. Die spontane Rückbildung bestehender Naevi flammei ist so selten, daß man auf sie nicht warten soll. Im Gegenteile, die Kinder mit Feuermälern sind niemals jung genug für die Behandlung. Die Erfahrung lehrt, daß junge Gefäßveränderungen viel besser, besonders auf Radium reagieren, als länger bestehende. Man beginne also in den ersten Lebenswochen, vergesse aber dabei niemals, daß die zarte kindliche Haut viel leichter sowohl durch Radium wie durch Kohlensäure geschädigt wird als die Haut des Erwachsenen.

Auf die Radiumbehandlung hier einzugehen, ist nicht der Zweck des Büchleins; es mag dem allgemein praktizierenden Arzte genügen, daß er die Kinder schon im frühesten Säuglingsalter der Radiumbehandlung zuführen soll.

Auch die Kohlensäureschneetherapie soll nur der in dieser Behandlung Geübte selbständig durchführen. Man vergesse nicht, daß kleinste Fehler hier nie mehr zu beseitigende kosmetische Störungen verursachen. Die Kohlensäureschneetherapie ist nur für solche Naevi flammei verwendbar, die hellrot, also oberflächlich gelegen sind. Die dunkelroten, mit eingestreuten Kavernomen durchsetzten Naevi, also tiefliegende Naevi, eignen sich weniger gut. Die Art der Kohlensäureschnee-Appli kation ist verschieden. Will man den Kohlensäureschneestift verwenden, dann spitze man ihn bleistiftartig zu, berühre die veränderte Haut nur punktförmig in Zwischenräumen von etwa einem Zentimeter Entfernung. Jede Berührung währe beim Kleinkinde höchstens eine Sekunde, beim Erwachsenen zwei bis vier Sekunden, nicht länger! Es entstehen bei dieser Applikation keine Blasen, sondern bloß Epitheldurchtränkungen, die sich nach ungefähr einer Woche als Schuppe abstoßen. Natürlich ist auch nach zehnmaliger Behandlung das Muttermal noch nicht beseitigt, aber es wird allmählich blässer und kann — muß allerdings nicht und namentlich nicht beim Erwachsenen — so nach geduldreicher, lange durchgeführter Behandlung narbenlos abblassen. Die einzelnen Kohlensäureschnee-Aplikationen dürfen erst dann durchgeführt werden, bis die Schuppen der vorherigen Behandlung abgestoßen sind. So kann man ungefähr alle 10—14 Tage eine Kohlensäureschneepunktbehandlung machen.

Eine andere Art der Kohlensäureschnee-Auflage ist die Applikation des Kohlensäureschnees im Äther- oder Azetongemisch. Der Kohlensäureschnee wird mit einer kleinen Menge Äther oder Azeton zu einer breiähnlichen Masse gemischt und dann mit einem Wattestäbchen aufgepinselt, das heißt die Naevusstelle damit bestrichen. Naturgemäß läßt sich bei dieser Methode die Zeit der Applikation viel weniger genau berechnen. Besonders bei kleinen Kindern sei man damit um so vorsichtiger. Auch bei dieser Art der Behandlung sind mehrere, mitunter viele Aufpinselungen notwendig. Die Intervalle sind die gleichen wie bei der Stiftbehandlung. Eine zweite Applikation erfolge nicht früher, als bis die Schuppe der vorhergegangenen abgestoßen ist. Schließlich kann man auch mit einem zu einem größeren Stifte geformten Stück Kohlensäureschnees über das Naevusfeld rasch streichend hinüberwischen, um so die Grenzen der Applikation zu verwischen. Am besten eignet sich dazu kreisförmiges Wischen mit dem Kohlensäureschnee. Man treffe aber dabei jede einzelne Stelle nicht zu oft.

Wem Kohlensäure fehlt, der kann es mit Besprayungen mit Chloräthyl versuchen.

Man kann so in geeigneten Fällen mit viel Geduld und gewissen Kenntnissen und Erfahrungen in der Behandlung oft recht schöne Resultate erzielen. Es gibt aber auch genügend Fälle, die nicht reagieren. Man forciere dann die Behandlung nicht und spreche sich über den Heileffekt im Einzelfalle vorsichtig aus.

Bei ausgedehnten Feuermälern versuche man erstmals, eine kleine Stelle zu behandeln und erst bei aufmunterndem Effekt nehme man den ganzen Naevus in Behandlung. Man vergesse nie, daß für Kleinkinder viel geringere Dosen genügen als für Erwachsene, daß verschiedene Hautpartien verschieden reagieren zarte eher, derbe später; die dünne zarte Haut des Augenlides verträgt keine so energische Behandlung, wie z. B. die des Kinns.

Andere Methoden zur Beseitigung eines Naevus flammeus, wie Skarifikation, Ignipunktur, Elektrolyse u. a. m. führen entweder nicht zum Heileffekte oder gleichzeitig zu schweren narbigen. also kosmetisch störenden Veränderungen.

Ein anderes angeborenes Gefäßmal ist das kutane kavernöse Angiom. Es kommt in verschiedenen Formen zur Beobachtung. Als kleines, himbeerartiges, scharf abgesetztes oder mehr flaches, zentral spontan vernarbendes, peripher langsam progredientes Angiom und als großknolliger, ausgedehnter, oft rasch wachsender Tumor.

Bevor auf die Behandlung dieser Gruppe eingegangen wird, muß noch gewisser sekundärer Vorgänge gedacht werden, die diese Angiome nicht so selten durchmachen. Man findet nämlich die Kuppe des angiomatösen Tumors mitunter mit einer Kruste bedeckt, unter der sich ein oberflächliches Ulkus etabliert hat, das sich durch Sekundär-Infektion infolge Kratzens oder aus anderen Gründen, auf die hier nicht eingegangen werden soll, entwickelt hat.

Derartige Läsionen müssen für die folgende Behandlung zur Vorsicht mahnen, denn solcherart veränderte Angiome können bei auch ganz kurzdauernder Kohlensäure-Behandlung weithin ulzerös zerfallen. Man behandle demnach ein auch noch so gering ulzeriertes Angiom erst dann, bis das aufsitzende Ulkus wieder überhäutet ist, was mit indifferenten Salbenverbänden in der Regel in wenigen Tagen zu erreichen ist. Derartige Angiome sind zumeist nur mit einer ganz dünnen Epidermis bedeckt. Ihre Bluträume reichen in der Regel bis knapp an die Epidermis heran. Diese Form der Angiome ist infolgedessen leicht lädierbar. Jede Behandlung sei deshalb hier nur vorsichtig durchgeführt.

Ansonsten geben die Formen der kutan situierten kleinhöckrigen oder mehr flach sich vorwölbenden Angiome für die Therapie ausgezeichnete Erfolge, auch dann, wenn sie peripher fortschreiten.

Die beste Behandlungsart für sie ist die Kohlensäure-Therapie.

Kleine Angiome kann man in einer einzigen Sitzung narbenlos beseitigen. Bei größeren beginne man, namentlich, wenn sie peripher wachsen, von der Peripherie her, entweder mit Felderbehandlung oder mit Kohlensäure-Äther-Gemisch. Der Kohlensäureschneestift wird für kleine Angiome der Form angepaßt und unter leichtem Drucke, je nach der Größe des Angioms und dem Alter des Kindes 6—8—10 Sekunden aufgelegt; eine längere Applikationszeit als 10 bis höchstens 15 Sekunden wähle man aber nicht. Restierende Stellen behandle man erst nach völliger Abheilung der erstbehandelten Stellen ein zweites Mal.

Die Erfolge der Kohlensäure-Therapie sind ausgezeichnet. Bei richtiger Dosierung resultiert höchstens eine leicht atrophische Stelle. Entsteht eine Narbe, dann war überdosiert. Was zuvor beim Naevus flammeus schon gesagt wurde, gilt auch hier: je jünger der Naevus, desto besser reagiert das Gewebe auf die Therapie, je älter die Gefäßbildung, desto schlechter die Reaktion, desto schwieriger ein Erfolg.

Bei den großknolligen, oft sehr ausgedehnten und rasch wachsenden Angiomen kommen nicht immer nur kosmetische Behandlungsmethoden allein in Frage; hier sind oft andere Interessen im Vordergrund, die eine operative Therapie erheischen; sie gehören dann kaum mehr in das Gebiet der dermatologischen Kosmetik, doch sollen sie, wenn irgendmöglich mit Kohlensäure-Schnee behandelt werden, u. zw. stets von der Peripherie aus gegen das Zentrum zu.

Bei allen knotigen Angiomen ist auch die Radiumbehandlung von ausgezeichnetem Effekt. Man überlasse sie aber stets dem in der Radiumtherapie völlig versierten Kosmetiker. Ulzerierte Angiome müssen auch vor dieser Behandlung überhäutet werden. Die letzte Art angeborener Angiome sind die subkutanen. Sie sind häufig mit kutanen Formen gemischt, mitunter treten sie auch allein auf und tragen auf ihrer Kuppe nur vereinzelte Ektasien oder sind von normaler Haut überdeckt. Die gewöhnlichen Fälle stellen haselnuß- bis wallnußgroße, bläulich durchschimmernde Knoten dar, die irgendwo am Capillitium oder im Gesichte, seltener am Stamm lokalisiert sind. Relativ häufig sind die subkutanen Angiome der Nasenspitze, die nur eben leicht bläulich, unscharf begrenzt, oftmals kaum sichtbar sind und erst beim Schreien des Kindes deutlich werden.

Die Behandlung dieser subkutan gelegenen Angiome ist kosmetisch nur mit Radium möglich. Kohlensäureschnee ist hier unwirksam, d. h. unwirksam in Dosen, die möglich sind, ohne die Haut zu schädigen. Man führe dementsprechend alle subkutanen Angiome so bald als möglich einer Radiumtherapie zu.

Im Folgenden seien die erworbenen Gefäßveränderungen besprochen. In Form von punktförmigen Teleangiektasien sind sie die Folge von verschiedenen Prozessen; sie treten nach Dermatitis solaris, nach kleinen zirkumskripten Entzündungen (Follikulitiden), bei bestimmten degenerativen Bindegewebsprozessen, bei längerdauernden Witterungseinflüssen und bei gewissen Veränderungen im Bereiche des weiblichen Genitales auf, so bei Gravidität. Da sie fast stets im Gesichte oder im Bereiche des Halses oder Decolletés lokalisiert sind, sind sie auch häufig Ursache ärztlicher Konsultation. Manche dieser punktförmigen Ektasien gehen zwar auch spontan zurück; besonders diejenigen, die während einer Gravidität entstanden sind, schwinden kurze Zeit nach dem Partus. Jedoch ist man doch öfters in die Lage versetzt, die kleinen roten Punkte zu veröden. Es gelingt meistens leicht, mit dem Unnaschen Mikrobrenner oder einer glühend gemachten Nadel auf die gleiche Weise, wie es schon bei den angeborenen punktförmigen Gefäßerweiterungen (Seite 55) besprochen worden ist. Punktförmige Ektasien, deren Ursache in dem verminderten Drucke degenerierten Bindegewebes (Witterungseinflüsse bei Sportlern) liegt, rezidivieren nach jeder Verödung, wie die Gefäßdilatationen im Senium (Seite 61 und 126).

Die strichförmigen Gefäßerweiterungen sehen wir am häufigsten im Gefolge einer Acne rosacea oder bei einer Seborrhoea sulci nasolabialis senkrecht auf die Nasenfalte zustande kommen. Über Paraffinomen verraten sie die Stelle der Einlagerung des Paraffins. Stets findet man sie im Verlaufe einer Röntgen- oder Radiumatrophie. Sind sie den kleinsten Gefäßen entsprechend und ganz dicht gestellt, so entsteht meistens eine diffuse Rötung, beispielsweise bei Acne rosacea und bei der Erfrierung. Im allgemeinen zerstört man die strichförmigen Gefäßerweiterungen wie die punktförmigen mit dem Mikrobrenner, indem man das Gefäßchen mit dem Brenner vorsichtig, bloß die Haut über der Erweiterung leicht treffend, nachzieht. Genügt eine einzige Behandlung nicht, so mache man nach Ablauf der ersten Behandlungs-Reaktion eine zweite. Es ist besser, als durch zu energische Therapie zu setzen. Derartige tiefere Verbrennungen sind bloß bei größeren Gefäßen nötig. Bei den diffusen, durch dichteste Gefäßstellung gleichmäßig mehr blauroten Verfärbungen der Haut (Nase, Wangen) kann man eine Skarifikation versuchen; sie wird meistens nicht viel nützen. Oder man kann mit kleinsten Kohlensäureschneedosen (ganz kurze Zeit, geringer Druck) versuchen, die Gefäße zu zerstören. Auch Chloräthylbesprayungen sind zu versuchen. Besonders vorsichtig muß man aber bei den Röntgen- und Radiumatrophien sein, weil ja hier eine bereits geschädigte Haut vorliegt, eine Haut, die durch Atrophie und durch Gefäßarmut ungemein sensibel und leicht lädierbar ist. Man vergesse nicht, daß oft ganz leichte Schädigungen einer durch Röntgen oder Radium veränderten Haut zu schweren Ulzerationen führen können. Die Verödungsversuche — sei es mit dem Mikrobrenner, sei es mit Kohlensäureschnee oder mit Chloräthyl — müssen mit den kleinsten Dosen arbeiten. Meist ergeben alle diese Versuche nur geringe oder oft sogar keine Resultate. Bei der Röntgen-Radium-Atrophie ist auch das Bindegewebe schwer geschädigt. Die Gefäßerweiterungen entwickeln sich infolge verschiedenen Druckes des umgebenden Gewebes. Es darf deshalb nicht wundernehmen, daß sich immer wieder Gefäßektasien bilden. Die Therapie ist hier also nicht sehr erfolgreich. Die Gefahr langdauernder Schädigung dafür sehr groß. Man tut gut, in dieser Beziehung vorsichtig zu sein und sich nicht auf energische Behandlungen und Versprechungen einzulassen.

Auch die kleinen, hirse- bis hanfkorngroßen Angiome, die sich im späteren Alter bei Mann und Frau am Stamme entwickeln, reagieren schlecht auf Verödungsversuche. Ehemals galten sie als Zeichen eines bestehenden Karzinoms; heute wissen wir, daß sie nur durch das sensil degenerierte Bindegewebe entstanden sind, das infolge des fehlenden Tonusdruckes den Gefäßchen die Möglichkeit gibt, sich auszudehnen. Es sind keine Angiome, es sind nur Gefäßektasien. Gleiche Gefäßektasien, zumeist multipel, kleinhanfkorngroß, finden sich häufig am Skrotum, am Lippenrot. Versuche, sie zu zerstören.

führen fast immer zu negativen Erfolgen. Der fehlende Druck des normalen Gewebstonus läßt sie immer wieder von Neuem erstehen.

Es gibt noch verschiedene andere Gefäßveränderungen, die seltener vorkommen, aber doch kosmetische Entfernung beanspruchen. So sind hier die Angiokeratomata Mibelli zu nennen, die als kleinste Angiome mit geringen Hyperkeratosen an Fingern und Zehen beobachtet werden. Sie gehen meistens mit Akroasphyxie (Cyanose in den Extremitätenenden) einher und reagieren auf Kohlensäureschnee oder andere vorsichtige, d. h. nicht allzu energische Zerstörungsart meistens gut. Da sie kaum überhirsekorngroß werden, sind auch ausgedehntere Zerstörungen nicht nötig. Das Gleiche gilt für kleine angiokeratotische Naevi; große derartige Naevi bedürfen chirurgischer Eingriffe.

Die Küttnerschen teleangiektatischen Granulome oder Granulomata pyogenica sind echte Angiome, die sich meistens nach kleinen Verletzungen entwickeln und etwa Kirschengröße erreichen. Sie sitzen breit oder mit schmalerer Basis auf, sind grob höckrig und haben die Tendenz, in der Umgebung neue Angiome zu setzen. Dabei sind sie gutartig. Ihre Aetiologie ist nicht geklärt. Versuche, die Knoten mit Kohlensäureschnee zu beseitigen, mißlingen in der Regel, so daß man gezwungen ist, diese Angiome zu exzidieren, was immer noch schöner ist, als sie mit dem Galvanokauter oder Paquelin oder auf kaltem Wege zu zerstören.

Sonst gehe man bei allen den genannten kleineren oder größeren kosmetischen Fehlern vorsichtig zu Werke. Es ist besser, eher öfter zu behandeln und dabei schöne Erfolge zu erzielen, als mit großen Dosen zu arbeiten und Narben zu erzeugen!

Zum Schlusse noch einige Worte über die in den letzten Jahren so vielfach geübte Verödung der Krampfadern.

Seit den ersten Anfängen der Varizenbehandlung mit Sublimat, hat diese Therapie einen wesentlichen Ausbau erfahren und sich allgemein durchgesetzt. Die heute mit Erfolg angewendeten Mittel sind im wesentlichen folgende: hochprozentuierte Kochsalzlösung, welche auch 20%ig als Varicophthin auf den Markt gebracht wird, 5%ige Karbolsäurelösung, Natrium-salicylicum-, Natrium-carbonicum- und Chininlösungen und besonders 60%ige Traubenzuckerlösung als Varicosmon (Phiag) im Handel, sowie 66%ige Traubenzuckerlösung und 60%ige Calorose. Inwieweit man die eine oder die andere Lösung heranziehen soll, richtet sich ganz nach den individuellen Verhältnissen und kann nicht allgemein entschieden werden. Die zuerst angeführten Präparate haben den Nachteil, daß sie bei nicht absolut einwandfreier Injektionstechnik leicht Nekrosen hervorrufen können, was bei den verschiedenen Zuckerlösungen hingegen äußerst selten vorkommt.

Die Technik der Injektion ist eine etwas von der bei anderen intravenösen Injektionen abweichende. Bei der Varizenverödung handelt es sich darum, daß die injizierte Flüssigkeit möglichst gut mit der Venenwand in Kontakt kommt. Mit den tiefliegenden Venen direkt kommunizierende Oberflächen-Varizen eignen sich nicht zur Injektion. Man staut also die Gefäße des stehenden Patienten durch Gummischlauchumschnürung, am besten erst 5 Zentimeter oberhalb und später 5 Zentimeter unterhalb der gewählten Injektionsstelle, sticht innerhalb dieses gestauten Bezirkes mit einer Zweiweghahn-Spritze bei horizontal gelagertem Beine ein, läßt das Blut aus dem gestauten Venenstück abfließen, streicht es noch möglichst gut aus, injiziert dann und massiert die Vene mit der Injektionsflüssigkeit. Nach zirka 5 Minuten löse man die Staubinden. Geübtere injizieren mit gewöhnlicher Rekordspritze derart, daß sie ohne Blutentleerung in die mit 2 Fingern ober und unter der Injektionsstelle komprimierte gestaute Vene einstechen, dann ein etwa 10 Zentimeter langes Venenstück blutleer ausstreichen, die entleerte Vene durch Druck mit den zwei Fingern entleert erhalten und nun in die Mitte dieses entleerten Venenstückes injizieren. Nach der Injektion komprimiere man die injizierte Vene noch einige Minuten, um eine bessere Einwirkung der injizierten Flüssigkeit auf die Gefäßwand zu erzielen. Man appliziert etwa 5 bis 10 Kubikzentimeter von Zucker- oder Kochsalzlösungen, 1 Kubikzentimeter von 1% wässriger Sublimatlösung. (Für 60%ige Zuckerlösungen nehme man dicke Nadeln.) Als Einstichstelle wird am besten jene Stelle gewählt, wo mit den wenigsten Mitteln der größte Effekt zu erzielen ist. Eine allgemein gültige Regel darüber, ob peripher oder proximal mit der Verödung zu beginnen ist, läßt sich nicht aufstellen.

Was die Häufigkeit der Injektionen anlangt, ist zu erwähnen, daß am besten das Abklingen der Reaktion nach der vorangegangenen Injektion abgewartet wird, ehe man die zweite macht. Das durchschnittliche Intervall beträgt etwa eine

Woche. Die Reaktion gestaltet sich gewöhnlich so, daß an der Injektionsstelle eine Verhärtung mit leichter Rötung und Schmerzhaftigkeit der Haut entsteht. Diese Erscheinungen klingen binnen weniger Tage ab. Die Verhärtung des verödeten Knotens resorbiert sich erst in mehreren Wochen. In seltenen Fällen kommt es zu einer stürmischeren Reaktion mit ziemlich ausgedehnter Thrombose, reaktiver Schwellung der weiteren Umgebung und einer meistens bis zu 24 Stunden anhaltenden Temperaturerhöhung bis 38.5.

Nicht nur die ektatischen Gefäße des Unterschenkels, sondern auch die bis zur Mitte des Oberschenkels reichenden Varizen können der Verödung durch Injektion zugeführt werden, da die injizierte Reizflüssigkeit solide und mit der Gefäßwand selbst fest verwachsene Thromben erzeugt, so daß eine Emboliegefahr fast ausgeschlossen erscheint. Immerhin sind vereinzelte Fälle mit Embolie bereits mitgeteilt, so daß nur der in der Technik gut eingearbeitete Arzt die Injektion ausführen soll.

Was die kleinen, oft an den Oberschenkeln, selten an den Unterschenkeln lokalisierten, zumeist gruppenweise in der Haut liegenden, deutlich sichtbaren Gefäßektasien älterer Leute anlangt, so lasse man von ihnen; sie rezidivieren nach jeder Zerstörung oder lassen bei gründlichster Kauterisierung mit dem Unnaschen Mikrobrenner Pigmentation und strichförmige Narben zurück.

Hyperkeratosen.

Die Gruppe der Hyperkeratosen umfaßt viele kleine, oft auch unscheinbare, aber immerhin sehr lästige und sogar schwer beeinflußbare Affekte.

Speziell gilt die schwere Beeinflußbarkeit von den kleinen Papillomen, den Acrochorda, die zumeist im Bereiche des Bartes oder am Capillitium multipel vorkommen. Wenn der Patient sich zur Behandlung vorstellt, ist die Affektion meistens schon disseminiert über das ganze Capillitium oder die ganze Bartgegend ausgebreitet. An der ersten Erkrankungsstelle sitzen sie stets aggregiert. Die bloß chirurgisch durchgeführte Entfernung führt — man kann sagen — niemals zum Effekte; die Papillome kommen alle über kurz wieder. Interne Arsenmedikation allein oder kombiniert mit

Höhensonnenbestrahlungen oder Röntgen oder Radium, eventuell sogar bis zur Epilation durchgeführt, nützen meistens auch nichts; ebenso ist die Einnahme von Hydrargyrum jodatum flavum 2—3mal täglich 0.01—0.02 (von den Amerikanern empfohlen) ohne Effekt. — Man muß trachten, eine die ganze befallene Scheitel- oder Bart-Partie treffende „Desinfektion“ (wenn man so sagen darf) durchzuführen, eine Desinfektion, die den unbekannten Erreger zerstört. Man muß weiters trachten, jede Verletzung und damit jede „Übertragung“ einzelner Papillome zu verhindern; das ist besonders in der Bartgegend bei Leuten schwer, die gewohnt sind, sich zu rasieren; hier setzt das Messer stets neue Verletzungen, neue Infektionen. Aber auch auf der Kopfhaut, wo derartige Verletzungen wegfallen, sind diese Papillome schwer endgültig zu beseitigen. Einzelne größere Papillome wachsen allerdings bei gründlicher Exkochleation und nachfolgender Zerstörung der Basis mit dem Mikrobrenner nicht nach, aber die multiplen kleinen rezidivieren immer und immer. So vergehen oft Jahre, und immer noch kommen neue kleine Papillome.

Das einzige bis jetzt bekannte wirksame Mittel, das der Eruption Einhalt zu tun scheint, ist das Arsen, und zwar extern appliziert. Das ist aber nur in kleinen Dosen möglich, denn auf größere Mengen von Arsenapplikation entsteht regelmäßig eine Dermatitis. Die Wege, die man hier gehen kann, sind zweierlei Art: Im Barte depiliere man mit Arsenpasten, was den Vorteil lokaler Arseneinwirkung und den der Vermeidung des Rasiermessers hat, oder aber man wasche mit Arsenseifen gleich nach dem Rasieren.

Die Arsendepilation verursacht dem Patienten oft ungeheure Schwierigkeiten; denn meistens ergibt es sich, daß diese Art des Rasierens nicht immer möglich ist, und zwar deshalb nicht, weil es nur mit hohen Dosen Arsen und frischer Calcaria viva gelingt, eine kosmetisch vollwertige Haarentfernung zu erzielen. Die Zusammensetzung des Rasier-, resp. Depiliermittels ist folgende:

Rp. Arsen. sulfurati (Auripigment), Amyli Oryzae āā 25.0, Calcariae vivae 15.0. S. signo veneni.

Dieses äußerst giftige Arsenpulver wird mit gleichen Teilen Wassers zu einem Brei angerührt und mit einem Holzspatel wie alle Depilatoires aufgetragen. Nach einigen Minuten wird der

Brei entfernt und abgewaschen. Die Depilation soll vollständig sein. Das ist nun meistens nicht der Fall, weil die Ingredentien in der Regel nicht einwandfrei sind, u. zw. ist es die Calcaria viva, das Calcium oxydatum, das rasch seine Ätzwirkung verliert. Es müßte sich der bereitende Apotheker für dieses Enthaarungspulver frischen ungelöschten Kalk (Calcaria viva) von einem Bau- oder Maurermeister verschaffen. Daraus erklären sich die Schwierigkeiten; sie machen die Darstellung eines einwandfreien Präparates fast unmöglich. Außerdem reizt die tägliche Applikation von so hohen Arsendosen. Und mit den üblichen Depilatoires ist zwar eine Entfernung der Haare ohne Messer möglich, aber ohne Arseneinwirkung. Gewiß ist das immer noch besser als die die Papillome verletzende Rasierklinge, aber eine derart durchgeführte Depilation ist nicht genügend, es muß noch eine „Desinfektion", das Arsen, einsetzen. Das ist auch der einzige Weg, der bei der Papillomatosis der behaarten Kopfhaut gangbar ist, für die das Rasieren nicht in Betracht kommt. Das Arsen kann in Seifenform oder in alkoholischer Lösung Anwendung finden. Die Konzentration des Arsens hängt von der Toleranz des Patienten ab. Man sei vorsichtig; denn Arsen verursacht — wie schon gesagt — leicht Hautentzündung. Als Seife diene:

Rp. Liqu. arsen. Fowleri 10.0—30.0, Spirit. sapon. kalin. [Editio VII.] 100.0; S. Seife. Gift!

Tägliche Waschungen mit dieser oder mit der Ascro-Seife der „Chronat-Gesellschaft" in Düsseldorf, einer Arsen-Chromseife, werden meistens besser vertragen als Eintupfungen mit alkoholischer Lösung von Liqu. arsen. Fowleri.

Rp. Liqu. arsen. Fowleri 10.0—30.0, Spirit. vini conc. 100,0. S. signo veneni!

Sollten diese Maßnahmen nicht durchführbar sein, dann versuche man Exkochleation mit Kauterisation, nachfolgende Röntgenbestrahlungen, Waschungen mit 2.5—5%iger Salizylseife und nachträgliche Eintupfungen mit 5%igem Salizylalkohol oder ½%igem Sublimatalkohol. Absolut sicher wirkt das alles nicht; man sieht, wie das ganze Rüstzeug der Zerstörungstherapie gegen diese kleinen Feinde oft machtlos ist.

Kleine Cornua cutanea, wie sie sich mitunter nach Entzündungen über dem Lippenrot oder auf der Gesichtshaut entwickeln, sind viel gutartiger. Man entfernt sie mit dem kleinen scharfen Löffel und kauterisiert die blutende Basis durch zarte

Berührung mit dem Mikrobrenner. Stets achte man aber darauf, ob nicht etwa unter dem Cornu cutaneum ein Epitheliom sitzt.

Die Verrucae planae juveniles über den Handrücken und oftmals auch im Gesichte zu Gruppen oder disseminiert in zahlreichen Exemplaren angeordnet, entstellen Erwachsene, zumeist aber Kinder. Das hier so oft intern verordnete Arsen oder Hydrargyrum jodatum flavum nützt so selten, daß man von ihrer Heilwirkung füglich besser nicht Notiz nimmt. Ebenso trifft der scharfe Löffel oder die rotierende Fräse nur die großen, leicht sichtbaren Exemplare, die kleinen entgehen dem Auge. So gibt es fast stets Rezidiven. Es helfen nur jene Mittel, die auch die kleinsten Effloreszenzen, also das ganze Areale der erkrankten Partie behandeln. Hier ist vor allem die Lichtbehandlung zu nennen, am besten wirkt Radium. Auch die Bucky-Grenzstrahl-Therapie leistet Gutes. Röntgen gibt meistens nur vorübergehende Erfolge. Wenn eine Radiumbehandlung nicht durchführbar ist, so versuche man Emplastrum saponatum salicylicum (10%). Das Pflaster trifft wie das Licht die ganze erkrankte Partie, die ganze Stirne, beide Wangen, das ganze Kinn usw. Die Applikation wird nach Art der Abbildung 14 bloß nachts durch 6—8 Wochen gemacht, u. zw. durch 3—4 Nächte mit denselben Pflasterstreifen, dann nehme man wieder frisches Pflaster. Morgens wasche man tüchtig mit 2.5%iger Salizylseife. Es gibt Menschen, die eine so lange durchgeführte Seifen-Pflasterapplikation deshalb nicht vertragen, weil sich ihre Haut an den Applikationsstellen mit der Zeit häßlich braun färbt. Das resultiert aus der chemischen Verbindung, die das aufgelegte Bleipflaster mit dem Schwefel der Haut eingeht; daher ist das tüchtige Waschen am Morgen besonders nötig.

Ganz vereinzelte, schon lange bestehende Verrucae planae, besonders auf dem Handrücken, kann man auch mit der rotierenden Fräse oder mit kleinen Dosen Kohlensäureschnee wegbekommen (5 Sekunden).

Am häufigsten sind die gewöhnlichen Warzen, die Verrucae vulgares, Objekt der Behandlung. Das souveränste Mittel ist hierfür der Kohlensäureschnee; er beseitigt fast alle, auch die größten Warzen narbenlos und rezidivfrei. Die Dosen passen sich der Größe und Dicke der Warzen an. Stark hyperkeratotische Warzen behandle man vorerst mit 10%igem Emplastrum saponatum salicylicum und mit Kohlensäureschnee erst dann, wenn durch das Salizylseifenpflaster die dicksten Hornmassen beseitigt sind. Bei den subungual sitzenden Warzen entferne man so weit als möglich die Nagelplatte. Kleine, nicht sehr hohe Warzen brauchen ungefähr 30—50 Sekunden, größere 1—1½ Minuten, ganz große 1½—2—3 Minuten. Ist die Dosierung genügend, so entsteht nach mehreren Stunden in der Ausdehnung der Warze oder vielmehr der Kohlensäure-Applikation eine Blase, die, wenn sie geschont wird, nach mehreren Tagen wieder eintrocknet. Die Warze schrumpft während dieser Zeit ein, sie wird kleiner, flacher, aber sie hat sonst noch ihr altes Aussehen. Nach 14—18 Tagen nimmt man mit der Pinzette die noch immer auflagernde, völlig eingeschrumpfte Warze mit geringer Gewalt ab und findet darunter eine rosarote geheilte Stelle.

Ist die Dosis zu klein gewesen, restiert im Zentrum der rosaroten Stelle noch eine kleine Hyperkeratose, dann muß nach einigen Tagen ein zweites Mal auf die gleiche Weise, aber naturgemäß mit einer kleineren Kohlensäureschnee-Dosis, behandelt werden. (Vergleiche Seite 9.)

Merkt man schon am ersten oder zweiten Tage der Kohlensäureschnee-Behandlung, daß sich keine Blase gebildet hat, so warte man diese erste Kohlensäureschnee-Reaktion bis zum Abklingen ab und behandle dann von Neuem. Denn sofort der ersten Kohlensäureschnee-Applikation eine zweite folgen zu lassen, summiert die Reize und setzt übermäßig große Blasen bis weit ins Gesunde.

Subunguale Warzen, die auf Kohlensäureschnee nicht schwinden, reagieren meistens gut auf Radium. Periunguale Warzen gehen auf Kohlensäureschnee und Radium ziemlich gleich gut zurück.

Ganz große, mit besonders dicker Hornschicht überdeckte Warzen, wie man sie vernachlässigt auf der Vola oder multipel auf den Plantae sieht, trotzen allerdings oft dieser Behandlung. Da muß man doch mitunter zum scharfen Löffel greifen, wenn man nicht einen Versuch mit Suggestion, mit Elektrokoagulation oder mit Radium macht oder machen lassen will.

Im allgemeinen ist aber der Kohlensäureschneebehandlung der Verrucae vulgares keine andere Therapie überlegen. Der so oft benutzte Lapis-Stift schwärzt nur die Haut, ohne irgend einen Einfluß auf die Warze zu nehmen. Von Ätzmitteln wäre gegebenenfalls die Trichloressigsäure zu versuchen. Die rauchende Salpetersäure ist so ziemlich aufgegeben.

Bei der chirurgischen Exkochleation großer Warzen an den Fußsohlen gehe man tief und weit ins Gesunde, wenn man kein Rezidiv erleben will. Daß dabei die Asepsis strengstens zu beobachten ist, daran sei nur erinnert. Kleinste Asepsisfehler können Phlebitiden von längstem Krankenlager verursachen, ebenso lasse man sich auf derartige Operationen auf der Fußsohle auch bei Frauen, die der Klimax nahe oder gar darüber sind, nicht mehr ein; die Gefahr der Komplikation ist zu groß. In solchen Fällen lasse man mehrere Radiumbestrahlungen machen.

Die Verrucae seborrhoicae seu seniles im Gesichte und am Stamme geben ein sehr dankbares Feld der Betätigung; es sind oberflächlichst sitzende Epitheliosen, die am einfachsten mit dem scharfen Löffel abgeschabt oder mit der Fräse abrotiert werden. Es ist die Methode der Wahl, wenn es sich, wie fast stets, um zahlreiche solcher Hyperkeratosen bei älteren oder alten Leuten am Stamme, namentlich am Rükken handelt.

Im Gesicht, wo es sich meistens nur um wenige solcher Warzen handelt, gibt wieder die Kohlensäureschnee-Behandlung die schönsten Effekte. Der Größe der Hyperkeratose angepaßt läßt man den Kohlensäureschnee je nach der Dicke der Auflegung 8—20—30 Sekunden einwirken. Es genügt eine seröse Durchtränkung; eine Blase soll nicht entstehen. Nach 10—12 Tagen läßt sich die eingetrocknete Warze ablösen und die Stelle ist narbenlos epithelisiert. Auf Eines achte man bei diesen flachen Hyperkeratosen: Sie sind besonders im Sommer dunkel pigmentiert und treten dann viel deutlicher hervor. Gerade dann verlangen die Patienten die Beseitigung. Man mache in solchen Fällen die Patienten darauf aufmerksam, daß jede Entfernung der Warzen zu temporären kosmetischen Störungen führt, die dadurch entstehen, daß die von der Warze befreite Stelle hellrosarot und pigmentarm, mit dem dunklen Pigmente des übrigen Gesichtes der Sommersonne eine Zeitlang kontrastiert. Man behandle dementsprechend solche Hyperkeratosen besser zu einer Zeit, wo keine Bräunung des Gesichtes durch die Sonne besteht.

Sind die Patienten zu ausgedehnteren chirurgischen Abschabungen multipler Hyperkeratosen am Stamme nicht zu bewegen, so muß man sich mit Resorzinseifenwaschungen und nachträglicher 8%iger Salizylpastenbehandlung bequemen. Der Erfolg wird allerdings nur sehr langsam kommen, d. h. die Hyperkeratosen werden nur flacher und pigmentärmer werden, eine vollständige Beseitigung ist auf diese Weise kaum möglich.

Kurz seien noch einige andere Hyperkeratosen besprochen. Vor allem die Arsenkeratosen. Sie gehören zwar nicht so sehr in das Gebiet der Kosmetik, als vielmehr schon zur reinen Dermatologie, wenn man überhaupt zwischen diesen beiden eine Grenze ziehen darf. Es kommt vor, daß einem Patienten bei multiplen gewöhnlichen Warzen der Hohlhand Arsen verordnet wird. Die Warzen gehen daraufhin, wenn nicht die Suggestion dabei eine Rolle spielt, nicht zurück, im Gegenteile, die Patienten akquirieren hiedurch in der Regel eine Arsenintoxikation, die Keratosen erzeugt. Nun kommt es zum Circulus vitiosus. Hier handelt es sich in erster Linie um die richtige Diagnose und um die Untersuchung, ob sich nicht an irgendeiner Stelle der Arsenkeratose bereits ein Epitheliom entwickelt hat.

Die Arsenkeratosen sind schwer traktabel; auf Seifenpflaster gehen sie auch nach längerer Behandlung meistens nicht zurück. Entweder es müssen hier energische Zerstörungen mit der Kaltkaustiknadel vorgenommen werden oder noch besser, man setze mit Kohlensäureschnee die nötigen Erfrierungen, je nach der Hochgradigkeit 1—3 Minuten.

Die oft ungeheuer schmerzhaften Schwielen (Tylomata) an den Fußsohlen vieler Damen sind ein eigenes Kapitel; die Schuhmode mit den hohen Absätzen, die den Damen vorschreibt, auf einer schiefen Ebene zu gehen und das ganze Körpergewicht auf die Zehenballen zu verlegen und die Zehen selbst keilförmig in den spitzen Schuh nötigt, ist so unhygienisch und geradezu unvernünftig, daß es wundernimmt, daß sie nicht schon längst abgetan ist. Der hohe Absatz der spitzen Schuhe verursacht schwere Deformitäten und Druckstellen an den oft übereinander gelagerten Zehen und außerdem schmerzhafte Schwielenbildungen an den Fußsohlen. Hier leisten verschiedene Schäl- und Mazerazerations-Salben und Erweichungstinkturen gute Dienste. Man darf sie nur nicht in größerem Ausmaß auftragen, als die Schwiele ist, da sonst auf der normalen Haut Entzündungen entstehen, die sogar blasige Abhebungen bedingen können. Als solche Salben und Tinkturen kommen in Betracht beispielsweise

Rp. Acid. salicyl. 2.0—4.0, Tinct. benzoes 0.4, Seb. ovil. 40.0 oder das Fertigpräparat Sebum salicylatum. Oder

Rp. Acid. salicyl., Acid. lactic. āā 2.0—3.0, Collod. elast. 20.0.

Zur Behandlung nimmt man häufige, heiße, etwa 2%ige Schmierseifenfußbäder und pinselt mit der genannten Tinktur oder man bestreicht die Stellen dünn mit Salicyltalg und bedeckt sie mit etwas Watte oder weiser Gaze. Zur zirkumskripten Auflage eignet sich besonders das 10%ige Emplastrum saponatum salicylicum. Von den Geheimmitteln ist das mit so vieler und so schreiender Reklame angekündigte Kukirol auch recht gut. Unter konsequent durchgeführten heißen Seifenfußbädern und sorgfältiger Applikation der angeführten Mittel lösen sich die Schwielen leicht, kommen aber immer wieder, wenn der ursächliche Druck fortdauert. Es ist also unerläßlich, daß die Behandlung beim Grundübel einsetzt, d. h., daß ein Schuhwerk getragen wird, das der natürlichen Form des Fußes entspricht und das Gewicht des Körpers auf den ganzen Fuß verteilt und nicht auf die Zehenballen konzentriert. Bestehen Druckstellen infolge eines Pes planus oder infolge anderer Abnormitäten, so sind prophylaktisch entsprechende Einlagen zur Entlastung der Druckstellen zu verordnen.

Kleine Tylositäten an den Händen entfernt am besten der Kohlensäureschnee. Gegen ausgedehnte Schwielen sind die gleichen Maßnahmen nötig wie an den Fußsohlen.

Clavi, Hühneraugen, sind ebenso zu behandeln wie Schwielen; man kann sie mit 10—15%igem Salicyl-Collodium zweimal täglich bepinseln. Man kann auch Kukirol verwenden. Zu achten ist nur, daß keines der beiden Präparate über den Schwielenrand hinaus ins Gesunde appliziert werde. Ähnlich ist eine konzentrierte Salicyl-Säurewirkung auf diese Weise zu erzielen, daß man einen sogenannten Hühneraugenring anlegt, der mit seiner Öffnung genau dem Clavus entspricht. Die Öffnung wird mit purer Salicyl-Säure gefüllt und mit Leukoplast überdeckt. Nach einigen Tagen hat die Salicyl-Säure den Clavus dermaßen erweicht, daß er sich leicht stumpf ab- oder sogar auslösen läßt. Etwaige Wiederholung der Behandlung wird mitunter nötig. Sollten diese Methoden alle nicht zum Ziele führen, so bleibt nichts anderes als die chirurgische Entfernung übrig. Daß diese unter absolut aseptischen Kautelen erfolgen muß, dürfte zu sagen sich erübrigen.

Eine Affektion muß hier noch Erwähnung finden. Es ist das

Keratoma disseminatum Buschke, ein Zustandsbild, das sich auf Hohlhänden und Fußsohlen in Form zerstreuter, warzenähnlicher kleiner Hyperkeratosen lokalisiert und damit schwere kosmetische Störungen verursacht. Wachsen diese Hyperkeratosen bei ungepflegten Menschen oft bis Zentimeterhöhe heran, so findet jeder Mensch, der etwas auf sein Äußeres hält, Mittel und Wege, die harten, kegelförmigen Hornmassen ins Niveau der Haut zu bringen und sie auf diese Weise weniger auffallend zu machen. Wir Ärzte können leider nicht viel mehr; denn alle die angewendeten Mittel sind nicht imstande, das Übel endgültig zu beseitigen; weder Kohlensäure, noch Röntgen, noch Radium, noch elektrokaustische oder anders durchgeführte Entfernung vermögen einen wirklichen Dauereffekt zu schaffen. Manche Patienten erweichen die Hornmassen mit Seifenbädern oder Seifenpflastern und tragen sie dann mit Schere und Messer oder auch mit der Nagelfeile ab. Natürlich muß diese Prozedur immer wieder vorgenommen werden, will man auch nur einen scheinbaren Effekt haben.

Andere naeviforme strichförmige und diffuse Hyperkeratosen an den Hohlhänden und Fußsohlen gehen auf Kohlensäureschnee - Behandlung mitunter gut zurück, mitunter wieder gar nicht.

Zu den Hyperkeratosen gehört auch die Ichthyosis und Xerosis cutis. Da diese Leiden angeboren sind, ist eine Heilung nicht erreichbar. Was wir tun können und müssen, ist nur das, daß wir durch die Behandlung zu erzielen suchen, daß die Träger dieser Affektion möglichst wenig unter der Trockenheit der Haut zu leiden haben. Man erreicht das am besten durch lang dauernde Bäder und häufige Einfettungen der Haut. Bei den Bädern ist naturgemäß einem kalkarmen, weichen Wasser der Vorzug zu geben. In dieser Hinsicht ist man zwar meistens an das vorhandene Wasser gebunden, aber man kann mit Zusatz von Borax, von Salizylsäure kalkhältiges Wasser geeigneter machen. Anwendung von Kondenswasser (vielleicht im Anschluß an eine Fabrik) oder gelegentlich von Regenwasser ist zu empfehlen. Außerdem sind überfettete Seifen von Vorteil, also Kinderseifen, schwimmende Fettseifen. Das Bad besorgt die Entfernung der sich abstoßenden oder fester sitzenden Hornmassen. Nachträglich aufgetragenes Fett macht die Haut weicher, geschmeidiger. In der Wahl des Fettes sei man vorsichtig. Es muß je nach der Schwere der

Erkrankung verschieden sein. Hochgradige Fälle müssen mit reinem mineralischem oder tierischem Fett behandelt werden, wozu sich Vaselin oder Vaselinöl, Vasenolöl, Paraffinum liquidum oder Unguentum simplex mit 5% Zusatz von Salicylsäure eignen. Die Präparate müssen aber bester Qualität sein, da sonst bei der langen Dauer der Anwendung Reizerscheinungen verschiedenster Art auftreten können. Für weniger hochgradige Fälle genügt eine solche Einfettung bloß über Nacht oder einige Stunden vor dem Bade. Am Tage, resp. nach dem doch stets austrocknenden Bad ist eine Einfettung mit fettarmen, ja sogar mit fettfreien Cremes mitunter ausreichend. Solche Cremes lassen sich verschiedentlich zusammensetzen. Beispiele für solche fettreiche und fettarme Cremes sind im Rezept und in der Bereitungsweise Seite 3 und 4 angegeben.

Geringe Trockenheit, Xerose, der Haut allein wird im Sommer meistens nicht besonders lästig empfunden, da zu dieser Zeit eine erhöhte Schweiß-Sekretion das Integument geschmeidig macht. Im Winter aber oder schon im Herbst stellen sich bei Menschen mit trockener, xerotischer Haut oft recht unangenehme Sensationen ein (Pruritus hiemalis), die sich besonders an den Armen, oftmals aber auch an den Unterschenkeln in Form von leichtem oder intensiverem Jucken bemerkbar machen. An den Händen fehlt der Juckreiz zumeist. Objektiv ist anfangs kein Befund zu erheben, später aber findet man uncharakteristische Kratzeffekte, die in Unkenntnis der Ursache oftmals mit Salicyl-Alkohol behandelt werden. Dieser aber trocknet die Haut noch mehr aus und führt in allen Fällen zur Verschlechterung, während Einfettungen mit einem Schlag Abhilfe schaffen. Die Einfettung kann mit indifferenten Fetten erfolgen, mit Unguentum simplex oder mit fettreichen und selbst fettärmeren Cremes, je nach der Intensität des Falles. Es finden hier wieder die Cremes Anwendung, von denen im Allgemeinen Teil Beispiele gegeben sind. Ist infolge Kratzens bereits ein Kratzekzem entstanden, so eignen sich die fettarmen Cremes nicht mehr zur Behandlung; in diesem Falle muß vorerst das Ekzem beseitigt werden. Erst dann treten wieder indifferente Fette oder deren Ersatz-Präparate, die genannten Cremes, in ihre Rechte.

An den Händen entstehen bei trockener Haut besonders im Winter oberflächliche, ja sogar tiefe Einrisse, Einrisse an den Fingerkuppen, die besonders schmerzhaft sind, manche Patienten an der Ausführung ihres Berufes hindern und außerdem noch die Gefahren der Infektion in sich bergen. Die Rhagaden selbst bedecke man mit Seifen- oder Zinkmullpflastern. Fehlen komplizierende Ekzeme, tun nachts dickere Einfettung mit fettarmen oder sogar fettlosen Glyzerin-Stearin-Cremes in größeren Mengen ausgezeichnete Dienste. Man wähle auch hier aus den Beispielen im Allgemeinen Teil (Seite 4) oder verordne:

Rp. Kalii carbon. 1.24, Aqu. destill. 84.0, Cetacei 4.0, Stearini 12.0, Glycerini 24.0. (Kalium carbonicum, Wasser und Glycerin werden erhitzt. Stearin und Cetaceum werden gleichzeitig geschmolzen und in kleinen Portionen der heißen Kalium-Glycerin-Wasser-Lösung hinzugefügt. Bis zum Erkalten rühren.)

Patienten mit trockener Haut an den Händen tun gut, im Winter, d. h. bei Kälte, nie ohne Handschuhe die Wohnung zu verlassen.

Auch das G e s i c h t leidet in der kalten Jahreszeit bei gewissen Patienten unter Trockenheit und spröder Haut. Man reinige das Gesicht des Abends mit Fettseifen, trockne gut ab und verwende dann eine Fettcreme oder reines Vasenol oder Vaselinöl oder Leodor der Leowerke in Dresden. Morgens entferne man noch etwa anhaftendes Fett mit lauwarmem Wasser und Fettseife und verreibe etwas fettfreie Creme, die eventuell mit ganz wenig Puder überdeckt wird. Bei besonders trockener Haut lasse man aber den Puder weg.

Der L i c h e n p i l a r i s mit seinen hohen, mit Hornmassen gefüllten Haarfollikeln der Oberarme und Oberschenkel, gewinnt mitunter sogar größere Ausdehnung und befällt die Schultern und den Rücken. Er wird als zur Ichthyosis gehörig aufgefaßt. Auch er ist nicht heilbar und kann nur durch häufige Bäder und tägliche Waschungen mit heißem Wasser und überfetteter Seife verringert werden. Nachträgliche Einreibungen mit Fett oder fettreichen, fettarmen oder sogar fettlosen Cremes bessern die auch als chronische „Gänsehaut“ bezeichnete Affektion und machen sie weniger sichtbar. Puder sind aber in allen Fällen von Hyperkeratosen zu vermeiden; sie trocknen zu stark aus.

Im Sommer sind die Beschwerden und Klagen all der an Hyperkeratosen erkrankten Patienten geringer; die vermehrte Schweißabsonderung erweicht nämlich die Hornmassen. Das gleiche tun Meerbäder, deshalb ist ein Aufenthalt am Meere von Vorteil; aber naturgemäß erwirkt auch er keine Heilung.

Die r ö n t g e n a t r o p h i s c h e Haut ist auch trocken und rissig. Man erweiche sie des Nachts mit Umschlägen aus abgekochtem Wasser mit 2% Borsäure und gebe ihr tagsüber eine fettlose Creme, unter Umständen auch kleine Dosen Höhensonne. Reichliches Fett verträgt die röntgenatrophische Haut nicht.

Narben.

Narben sind im allgemeinen wenig dankbar zu behandeln, weil jede Narbe, bei welcher Behandlung immer, immer wieder nur Narbe bleibt oder nur durch eine Narbe zu ersetzen ist. Doch kann man manche unschöne Narben in ihrem Aussehen bessern.

Am häufigsten begegnen wir den Akne- und Variola-Narben. Beide sind zumeist atrophische, deprimierte Narben. Unsere Aufgabe ist es, vor allem die Niveaudifferenz auszugleichen. Das ist aber nie durch Hebung der Narbe, sondern nur durch Verflachung der zwischen den Närbchen liegenden gesunden Haut möglich. Man versuche, das durch zarte, aber häufige, in der Spaltrichtung vorgenommene Skarifikationen zu besorgen. Mitunter erzielt man doch gewisse Besserung. Man kann auch versuchen, durch zartes Schleifen der Haut mit einem sogenannten Toilette-Bimsstein eine Verbesserung zu erreichen. Auch Abfräsen der gesunden Haut in Papillarschicht-Höhe wird empfohlen. Eine noch eingreifendere Behandlung besteht darin, daß man mit Quarzlampen-Druckbestrahlungen (Seite 47) durch ¼—½ Stunde Verbrennung setzt und diese unter Salbenverbänden abheilen läßt. Manchmal verringern sich unter der bis zur Blase gediehenen Exsudation die Niveaudifferenzen der deprimierten Narbe. Größere einzelne Narben kann man versuchsweise auch in Narbengröße stanzen. Nur darf man den Stanzdefekt nicht trocken verbinden, sondern mit kleinen Läppchen auf Gaze gestrichener Vaseline oder Lapissalbe in Defektgröße. Es heilt dann der gesetzte Substanzverlust durch Granulation aus und epithelisiert bei Achtsamkeit in normaler Höhe.

Das Einfachste ist, die Depressionen der Akne- wie der Variolanarben durch Schminken zu kachieren, denn jede Behandlung ist nur ein Versuch und verbürgt nicht immer einen gewünschten Effekt. Beim Überschminken muß man darauf achten, daß die Narbengrübchen mit irgend einer weichen Pasta oder Ähnlichem ausgefüllt und dann erst mit Schminke, am besten in Form von Puder überdeckt werden. Für die im Niveau liegenden gelben Variolanarben genügt Schminke allein. Sind die Aknenarben bloß durch Pigmentflecke verunstaltet, so bleiche man sie (darüber später, Seite 87).

Größere atrophische Narben, wie sie nach flachen Eiterungsprozessen übrig bleiben, sind meistens auch deprimiert. Will man sie nicht durch Schminke decken, so bleibt nur Exzision und Naht oder Exzision und Plastik (Thiersch- oder Lappen-Plastik) oder man überläßt den Exzisionseffekt der Granulation, muß aber dann darauf achten, daß nicht eine hypertrophische Narbe folgt. Viel ist mit all diesen Methoden nach dem Vorhergesagten nicht zu erreichen. In der Regel wird der Patient, wenn man ihm die Sache vorträgt, selbst von einem Eingriffe abstehen. Entsteht auf einer atrophischen Narbe infolge Unterernährung der Haut ein Ulcus, so helfen hier Salben zur Epithelisierung des Substanzverlustes in der Regel nichts. Auch aufgelegte Thiersch-Läppchen haften nicht.

Kleine solche Substanzverluste sieht man aber unter geringen Höhensonnendosen oder oft noch besser unter zarter peripherer Massage sich schließen. Handelt es sich um große Ulzerationen in schlecht ernährter narbiger Haut, wie nach ausgedehnten Phlegmonen oder Verbrennungen, so kann eine Plastik helfen, die das Ulkus entlastet.

Bessere Chancen geben die gestrickten, zum Teil über das Hautniveau erhabenen Narben, wie Skrophulodermnarben, die oft sogar völlig epithelisierte Brücken zeigen, oder Narben nach alten Verletzungen, Phlegmonen usw. Entweder es kommt hier ein chirurgischer Eingriff in Betracht oder man begnügt sich mit gewissen, allerdings bescheidenen Korrekturen. Zu diesen gehören vor allem Röntgen- und noch besser Radium-Bestrahlungen, die man aber einem Facharzt überläßt. Das Auflegen von Fibrolysin-, Thiosinamin-Pflastern sowie Fibrolysin-Injektionen nützen nicht viel; denn die dadurch vielleicht auch eine Zeitlang gebesserte Narbe kehrt nach Aufhören dieser Therapie wieder in ihren alten Zustand zurück. Dasselbe gilt von den Pepsinumschlägen und Pepsinsalben. Das Rezept hiefür lautet:

Rp. Pepsin 5.0, Acid. carbol., Acid. muriat. āā 1.0, Aqu. destill. 100.0.

Man kann die Pepsinlösung, die nicht sehr haltbar ist, auch zu Injektionen in die Narbe verwenden. So ist es empfohlen. Die

Injektionen sind aber ziemlich schmerzhaft und wirken auch nicht besser als die Umschläge. Für die Salbe wird verordnet:

Rp. Pepsin. 10.0, Acid. carbol., Acid muriat. āā 1.0, Vaselin. pur 100.0.

Oft lange nicht bezwingbar ist das Jucken in Narben, namentlich in frischen Narben. Hier leisten Massagen und kleindosige Röntgen- oder Radium-Bestrahlungen das Beste.

Die rein hypertrophischen, keloidartigen Narben geben bei gewisser Ausdauer von seiten des Patienten und des Arztes noch die besten Resultate. Die Behandlung gestaltet sich aber nicht in allen Fällen gleich. Am besten reagieren die kleinen keloidähnlichen Narben, die nach Aknepusteln oder Haarbalgentzündungen im vorderen und hinteren Dekolleté auftreten. Diese behandle man sofort, wie sie sichtbar werden. Je jünger sie sind, desto besser sprechen sie auf die Behandlung an. Am besten wirken gefilterte Radiumstrahlen in relativ kleinen ($\frac{1}{4}$—$\frac{1}{3}$) Erythemdosen in zirka 14tägigen Intervallen.

Weniger leicht sind die hypertrophischen Narben zu beseitigen, die sich an Operation und Vakzination anschließen; sie sind viel hartnäckiger. Jedoch gibt es auch hier nichts besseres als Radium, nur benötigen sie viel mehr Applikationen. Die Einzeldosen sind die gleichen. Man kann auch versuchen, isolierte kleine hypertrophische Narben zu exzidieren, jedoch müssen stets noch am Operationstage und in weiteren Folgen ebenso gefilterte Radiumbestrahlungen folgen. Keinesfalls kann eine Exzision allein die hypertrophische Narbe beseitigen; im Gegenteil, es kommt nach solchen Versuchen immer zu noch größeren hypertrophischen Narben.

Frische hypertrophische Verbrennungsnarben haben ihre besondere Eigenheit: sie „arbeiten" durch Monate: Blasen, Anschwellungen, große geschlängelte Gefäßerweiterungen treten auf. In dieser Zeit beschränke man sich auf 2%ige Borwasser- oder Burowumschläge (1 : 10) und leichteste Massage. Nie lasse man sich, wenn der Patient auch noch so drängt, schon in dieser Zeit zu eingreifenderen Behandlungen bestimmen; denn nach zirka einem halben Jahr oder später, wenn die Narbe aufgehört hat zu „arbeiten", sind oft Gefäßerweiterungen und Anschwellungen von selbst geschwunden.

Die Blasenbildungen und das Jucken haben manchmal schon früher sistiert. Was dann noch an Ektasien und namentlich an Bindegewebshypertrophie übrig geblieben ist, kann beseitigt werden. Allerdings kommen da nicht viele Behandlungsmethoden in Betracht. Elektrolyse, Kaltkaustik und manches andere sind meistens nutzlos. Gut wirkt Röntgen, besser Radium, eventuell kombiniert mit Elektrolyse oder Kaltkaustik. Es ist eigentlich die einzige, wirksame Therapie. Die Lichtbehandlungen übertrage man wieder einem Facharzte; es müssen häufige, kleine, nicht bis zum Erythem gesteigerte Dosen gewählt werden, will man den Behandlungseffekt nicht durch Radiumfolgen beeinträchtigen.

Die an der Unterlage fixierten eingezogenen Narben sind Domäne des Chirurgen; für sie gilt nur Ablösung von der Unterlage und Unterpolsterung mit eigenem, aus der Bauch- oder Oberschenkelgegend gewonnenem Fettgewebe, da sich sonst die abgelöste Narbe wieder anlegt und fixiert wird. Paraffinunterpolsterungen vermeide man wegen eventueller Paraffinome. Die Operation führt zu ganz ausgezeichneten Effekten, doch sei man vorsichtig in der Stelle der Unterpolsterung; es ist bekannt, daß, wenigstens Paraffinunterpolsterungen, sich senken, wandern. Deshalb hüte man sich, eine am unteren Orbitalrande infolge einer abgeheilten Knochentuberkulose fixierte Narbe wenigstens mit Paraffin zu unterpolstern. Es ist schon vorgekommen, daß das Paraffin in die Orbita wanderte und eine retrobulbäre Wucherung mit Optikusatrophie im Gefolge verursacht hat. Man unterpolstere also nur mit patienteneigenem Fett und nur an Stellen, wo eine eventuelle Wanderung keinen Schaden anrichten kann. Daß die oft nur linsengroße Anheftung einer Narbe in der Tiefe beim therapeutischen Eingriffe eine Operationsschnittnarbe bedingt, ist selbstredend, muß aber dem oder vielmehr für gewöhnlich der Patientin vorhergesagt werden.

Zysten, benigne kleine Tumoren und Naevi.

Von Zysten kommen für die Kosmetik Talgdrüsenzystchen, Milien (Hautgrieß), Syringozystadenome, Hydrozystome (Schweißdrüsenerweiterungen, Schweißdrüsenzystchen) und endlich Atherome (Balggeschwülste) in Betracht.

Die Talgdrüsenzystchen wurden bereits bei der Acne vulgaris erörtert (Seite 17 und 33).

Die kleinen Milien, die besonders häufig die beiderseitigen Jochbogengegenden, aber auch größere Gesichtspartien befallen können, sind leicht zu entfernen. Wer über keinen Diathermieapparat verfügt, ritze die kleinen Grießkörnchen ganz oberflächlich mit einer Lanzette, mit einem Spitzbistouri. Sie springen dann meistens schon von selbst hervor. Wenn nicht, so genügt ein leichter Druck mit dem perforierten scharfen Löffel und der Inhalt entleert sich. Wer einen Diathermieapparat besitzt, berühre eben mit der spitzesten Nadel und dem schwächsten Strome die geringfügige Affektion, aber nur so gering, daß keine Narbe entsteht. Man kann so rasch die Zystchen in großer Menge entfernen. Oftmals kommen noch neue an anderen Stellen nach, denn die kleinsten, noch nicht sichtbaren hat man bei der ersten Behandlung übersehen. Diese weichen dann einem zweiten, gleichen therapeutischen Eingriff.

Die Syringozystadenome sind zirka hirsekorngroße blaßgelbliche Tumoren in der Umgebung der Augen. Sie treten besonders in der unteren Lidgegend multipel auf. Ihre Behandlung ist schwierig. Das liegt in der Natur der Knötchen; sie sind aus Epithelsträngen entstanden, die Zystchen treten dabei in den Hintergrund. Es gibt nur eine einzige Methode der Entfernung. Man stichle sie mit der feinsten Kaltkaustiknadel ganz gering und in etwa $\frac{1}{2}$ Zentimeter großen Abständen. Häufige, ganz geringfügige Behandlungen sind notwendig, da man sonst Kaustiknarben setzt.

Die Hydrozystome geben wieder ein ungemein dankbares Gebiet für die Kosmetik ab. In den oberen Wangenpartien, in der Gegend des Auges sieht man sie häufig als hanfkorn- bis kleinerbsengroße, wasserklare Zystchen lokalisiert. Es genügt, mit einer dünnen Kaltkaustiknadel sie anzustechen und kurze Zeit einen schwachen Hochfrequenzstrom durchzuschicken. Sie schrumpfen in wenigen Tagen ein und verschwinden narbenlos. Bei fehlendem Diathermieapparat verwende man mit besonderer Vorsicht den Unnaschen Mikrobrenner.

Was die Atherome anlangt, so treten sie gehäuft oder vereinzelt auf, gehäuft auf der Brust in der vorderen Schweißfurche als ungefähr erbsengroße oder wenig größere, subkutan liegende, unter der Haut verschiebliche Knötchen, vereinzelt überall sonst in der Haut. Es ist selbstverständlich möglich, jedes

Atherom mittels eines ganz kleinen Schnittes zu eröffnen, den Balg herabzuziehen und die kleine Operationswunde mit einer feinen Naht zu schließen. Es gibt aber kosmetisch schönere Methoden. Eine der schönsten ist die Stichinzision mit anschließender Entleerung des Inhaltes durch Druck, der eine gefilterte Radiumbestrahlung (zirka $^1/_4$—$^1/_5$ Erythemdosis) zum Zwecke der Wandentzündung und Verklebung folgt. Die Heilung erfolgt ohne die geringste Narbe oder sonstige Hautveränderung, wenn nur die Stichinzision möglichst klein gemacht worden ist. Man kann so vereinzelte und gehäuft gestellte Atherome behandeln. Für den, der eine solche Behandlung nicht durchführen kann, bleibt für die großen einzelnen Atherome nur die chirurgische Entfernung, für die aggregiert gestellten Fälle kleinster Balggeschwülste folgende, leicht ausführbare Art der Therapie: Man sticht alle die kleinen Zystchen an, entleert ihren Inhalt und spritzt in jeden entleerten Atheromsack ein Tröpfchen Jodtinktur. Die Jodtinktur ersetzt die Radiumentzündung und die kleinen Atherome gehen ein.

Anschließend seien die kleinen, kosmetisch störenden, gutartigen Tumoren anderer Art besprochen, vor allem das Molluscum contagiosum. Seine Entfernung geschieht am einfachsten und besten mit dem scharfen Löffel. Die Epithelisierung des winzigen Defektes erfolgt vom Rande her. Da die Knötchen ganz oberflächlich sitzen, ist es bei der Exkochleation nicht nötig, einen Bindegewebsdefekt zu setzen. So heilt die kleine Wunde narbenlos.

Viel schwieriger sind die Talgdrüsenadenome zu beseitigen. Sie entwickeln sich in der Regel im späteren Alter auf Stirne und Schläfen, seltener über den Wangen und stellen gelbrosarote, deutlich gelappte, kleinlinsengroße, eben aus der Haut leicht vorspringende Rosettchen dar. Die Zerstörung mit der Kaltkaustiknadel setzt deutliche Narben, da die Zerstörung ziemlich ausgedehnt und tief sein muß. Oberflächliche Verätzungen nützen nichts, weil die Affektion zu tief im Bindegewebe sitzt. So bleibt denn nichts anderes übrig, als die Rosettchen mit dem scharfen Löffel aus ihrem Bindegewebsbett herauszuheben und so zu entfernen. Diese Art der Zerstörung ist immer noch schonender als irgend eine andere Art der Entfernung. Natürlich gibt es kleine Narben; immerhin brauchen diese nicht groß und auffallend zu sein, wenn man bei der Exkochleation vorsichtig zu Werke geht. Und jede zarte kleine Narbe ist weniger störend als die oft recht auffallenden Talgdrüsenadenome. Radium leistet in solchen Fällen nichts.

Sehr entstellend sind die Xanthome (Gelbflecke der Lider), die als gelbe, flache Knoten oft alle vier Lider befallen. Sind sie einmal größer als ein Hanfkorn geworden, so kann der Geübte nach Inzision die restlose Ausschälung ohne folgende Naht versuchen, sonst bleibt nur die völlige Exzision im Gesunden. Die Naht legt sich in der Regel schön in die Faltenbildungen der Lider. Ist sie in einigen Wochen erblaßt, so sieht man von dem Eingriff nichts mehr. Breite, auch ausgedehnte Exzisionen, kleine Spannungen der Narbe beheben sich in kurzer Zeit; die Lidhaut gibt nach. Sogar ein leichtes Ektropion schwindet, nur zu stark darf es nicht sein, sonst kann es bleibend werden. Für kleinere, punktförmige, eventuell bis hanfkorngroße Xanthome kann man die Elektrokoagulation mit der Kaltkaustiknadel empfehlen. Kleine, mehrmalige Behandlungen sind allerdings mitunter nötig. Sie sind besser als eine ausgiebige Kaltkaustikzerstörung, weil sie einen schöneren Effekt geben. Bei solchen Behandlungen ist eine Entfernung ohne Narbe sicher. Andere Behandlungsmethoden (z. B. Pinselungen mit ¼—1%igem Sublimatkollodium) nützen nichts. Trichloressigsäureverätzungen oder Radiumbestrahlungen nützen nur dann, wenn sie in ihrer Stärke so weit getrieben werden, daß sie eine Narbe setzen, und das ist besonders bei der Radiumbestrahlung entstellender als das schon sehr entstellende Xanthom.

Am häufigsten sind Fibrome Ursache kosmetischer Fehler. Es sind entweder gestielte, zumeist multiple Fibrome oder vereinzelte Fibrome und fibromatöse Naevi. Die gestielten Fibrome, die Fibromata pendula, beginnen als winzige, kleine, kaum sichtbare Knötchen meist am Halse, multiplizieren sich und werden schließlich gestielt und pigmentiert. Sie sitzen oft kollierförmig am Hals-Brustansatz. Vereinzelte solche Fibromata pendula haben ihren Sitz auch an den vorderen, seltener an den hinteren Achselfalten. Die Entfernung erfolgt am besten durch Abtragung mit der Schere. Man zieht die Fibrome mit der Pinzette hoch, um den Stiel möglichst lange und dünn zu machen, und trägt dann mit einem Scherenschlag das kleine Ding ab. Die Blutung ist meistens kaum sichtbar. Eine kurze Kompression und ein wenig Xeroform- oder Airolpulver machen einen Verband unnötig, denn die Verletzung ist punktförmig. Nie exzidiere man die Fibrome mit nachfolgender Naht; es entstehen so leicht hypertrophische Narben.

Von den nicht gestielten Fibromen, wie von der fibromatösen Naevis unterscheidet man nach ihrer Konsistenz weiche und harte Knoten. Für die Wahl der Therapie ist das einerlei. Die Eingriffe zu ihrer Entfernung können verschiedentlich gewählt werden. Man kann sie in e i n e r Sitzung beseitigen, jedoch gelingt das nur mit Hinterlassung einer der Größe des Knotens entsprechenden Narbe. Die Durchführung erfolgt so, daß man den kleinen Tumor zur Anästhesierung und Festigung seiner Konsistenz mit Chloräthyl vereist und dann mit dem Skalpell oder Knopfmesser genau im Niveau der Haut abträgt. Die Blutung der kreisrunden Operationswunde wird durch Kompression gestillt und mit einem mit Fett bestrichenen Gazeläppchen bis zur Epithelisierung gedeckt. Eventuell nötige Lapisierungen sind nicht zu vergessen. Naturgemäß entsteht auf diese Art eine kreisrunde Narbe. Viel schönere, fast narbenlose Effekte erzielt die E l e k t r o l y s e, besonders die p r o t r a h i e r t durchgeführte. Man schleiche sich mit dem negativen Pol des galvanischen Stromes ein, nachdem man die Basis des Knotens mit einer ganz dünnen Nadel (Abbildung 9) durchstochen hat. Eine zweite, senkrecht darauf gesetzte gleiche Behandlung ist schon deshalb von Vorteil, weil man damit in der Tiefe und Mitte des Knotens eine Doppelbehandlung erreicht. Die Behandlung ist ganz gering schmerzhaft und wird so lange fortgesetzt, bis die kleine Geschwulst völlig geschwunden ist. Bei weichen Fibromen und fibromatösen Naevis braucht man 8—10 Behandlungen, bei harten Knoten 15—20. Die Intervalle der Einzelbehandlungen sollen ungefähr 14 Tage sein. (Art der Durchführung Seite 11 und 12.) Man kann die Therapie jederzeit ohne Schaden und Behandlungsverlust unterbrechen und fortsetzen.

Ist man genötigt, die Therapie rascher, in e i n e r Sitzung, durchzuführen, so kann man die Basis des Knotens mit der elektrolytischen Nadel in parallelen Durchstichen dicht nebeneinander behandeln. Senkrecht darauf durchgeführte Einstiche entfallen dann. Der Knoten wird dann meistens nekrotisch und fällt in zirka 14—20 Tagen ab. Allerdings ist eine zarte, kaum sichtbare Narbe die Folge. Es eignen sich dazu besonders dunkelpigmentierte fibromatöse Naevi. Mit stichförmigen Narben heilen die Fibrome und fibromatösen Naevi, wenn man die Kaltkaustiknadel zur Zerstörung wählt. Auch da sind mehrere Sitzungen in

10—14tägigem Intervall nötig. Für kosmetisch weniger empfindliche Patienten ist diese Behandlung ganz gut verwertbar, für Damen und namentlich im Gesichte, kann sie nicht sehr empfohlen werden.

Für denjenigen, der keine Möglichkeit hat, eine elektrolytische Behandlung durchzuführen, gibt es noch andere Methoden der Fibrom- und Naevusbeseitigung, die auch von ganz guten kosmetischen Resultaten gefolgt sind. Sie hinterlassen zwar eine Atrophie oder sogar eine zarte Narbe, aber sie ist so geringfügig, daß sie immer noch besser aussieht als das Fibrom oder der fibromatöse Naevus. Es sind alte, aber gute Methoden, Ätzmethoden. Man verwendet Trichloressigsäure in konzentriertester Form oder Acidum carbolicum liquefactum. Zur Behandlung mit Trichloressigsäure löst man einen Kristall davon in einem Tröpfchen Wasser und läßt die Lösung etwa eine Minute genau begrenzt auf den kleinen Knoten einwirken, dann wird die Trichloressigsäure trocken entfernt. Bei Behandlung mit Acidum carbolicum liquefactum neutralisiert man die Wirkung nach einer eine Minute lang währenden Verätzung mit Alkohol. Mehrere solche Pinselungen in Intervallen von 10—14 Tagen sind nötig. Man kann auch eine Mischung von beiden Säuren gleichzeitig einwirken lassen. Der Effekt ist, wie gesagt, kosmetisch recht gut. Kohlensäure-Behandlung nützt nichts; es sei denn, man vereist so lange und so tief, daß eine drittgradige Erfrierung und damit in der Folge eine unschöne, zumeist vertiefte Narbe entsteht, was keiner kosmetischen Therapie entspricht.

Daß bei allen diesen Behandlungsmethoden die weichen Fibrome und fibromatösen Naevi rascher schwinden als die harten, ansonsten gleichen Gebilde, ist verständlich.

Sind die fibromatösen Naevi außerdem behaart, so ist die Sache komplizierter, denn in solchen Fällen ist es nötig, vorher die Haare elektrolytisch zu entfernen. In der Regel schrumpft bei dieser Gelegenheit der Naevus mit ein. Die umgekehrte Folge läßt die Haare nachträglich kaum mehr beseitigen, da die Haarbälge durch die narbige Schrumpfung der Behandlung verzogen worden sind und später nicht mehr getroffen werden können.

Pigmentierte fibromatöse Naevi behandle man ebenso wie nichtpigmentierte. Es ist nur nötig, nach Schrumpfung und Verschwinden des Naevus durch protrahierte Elektrolyse noch das Pigment zu entfernen. Die Art dieser Durchführung wird bei den Pigmentierungen besprochen (Seite 91).

Die Beseitigung der Spontankeloide fällt bezüglich der Behandlung mit der Therapie hypertrophischer Operations- und Impfnarben völlig zusammen. Radium ist auch hier das Beste, das Einzige. Man lasse sich nie verleiten, ein Spontankeloid zu exzidieren.

Zumeist findet man die Spontankeloide bei Frauen, entweder quer über das Sternum gestellt oder in mehr kugeligen Knoten zerstreut am Stamme. Sie machen in ihrer Morphe die Schwankungen der Keimdrüsenfunktion mit; sie kommen in der Regel mit der Pubertät und bilden sich nach der Klimax wieder spontan zum größten Teil zurück. Die Ausheilung erfolgt unter Narbenbildung.

In der Gruppe der gutartigen Tumoren sind noch die Lipome und die sonstigen Fettansätze am Körper zu erwähnen. Isoliert abgrenzbare oder symmetrische Lipome sind nur operativ entfernbar; eine andere Methode der Beseitigung gibt es nicht. Dagegen sei vor operativen Eingriffen gewisser, oft stürmisch verlangter Korrekturen gewarnt, die unerwünschte Fettansätze betreffen. Speziell bei älteren Frauen treten im Gefolge operativer Entfernung verschiedener Fettansätze, z. B. an den Unterschenkeln, Komplikationen auf, die nicht im Vergleiche stehen zu dem erwarteten Effekte. Bei der Beseitigung solcher Fettansätze sollte man sich niemals von kosmetischen, sondern nur von Notwendigkeitsgründen leiten lassen

Einiges noch über die Paraffinome. Oft genug kommt es vor, daß den Wünschen mancher Damen, die sich durch im Gesicht auftretende Falten älter wähnen, als sie sind, oder die jünger aussehen wollen, als sie sind, Rechnung getragen wird und Paraffininjektionen gemacht werden. Solche Paraffin-Depots können zu Tumoren führen, die viel entstellender sind, als es die Falten waren. Es entstehen so, um nur die häufigsten Entstellungen zu nennen, sagittal verlaufende Falten der Stirne, die dem Gesichte einen finsteren Ausdruck verleihen, oder es entstehen bei Paraffindepots, die unter den Augen gemacht werden, große Schwellungen, bedingt durch harte Paraffinknoten, über die die Patientin nicht hinübersehen kann. Das Gesicht bekommt den Ausdruck eines Nephritikers. Schauspieler, die sich durch die Paraffininjektion schöner, jünger, engagementsfähiger machen lassen wollten, müssen ihren Beruf überhaupt aufgeben. Am schlimmsten ist, wenn um den Mund herum gemachte Paraffininjektionen ein Mikrostoma verursachen. Blaurote, harte Knoten lassen den Mund nicht öffnen, Zahnextraktionen sind nötig, damit sich der Patient ernähren kann. Wenn auch solche entsetzliche Erfolge gemachter Paraffininjektionen selten sind, so geben sie Grund genug dafür, von so gefährlichen Experimenten Abstand zu nehmen. Das sei aber hier nicht weiter erörtert. Hier fragt es sich, wie beseitigt man solche Paraffinome? Dazu müssen wir leider gestehen, daß die Entfernung so gut wie unmöglich ist. Die Versuche, Einschnitte zu machen und durch Einwirkung hoher Temperaturen, etwa durch Diathermie, das Paraffin zu verflüssigen, führen zum Mißerfolge, denn das Paraffin ist bereits völlig von Bindegewebe durchwachsen. Will man die Knoten entfernen, so ist nur die Umschneidung und Exstirpation des ganzen Knotens möglich. Das ist aber aus Gründen der Kosmetik und der häufigsten Lokalisation solcher Paraffinome im Gesichte fast niemals durchführbar. Menschen mit Paraffinomen sind Zeitlebens entstellt.

Pigmentanomalien.

Vitiligo (Weißfleckenkrankheit) und Leukoderma.

Pigmentdefekte wie Hyperpigmentierungen sind beide nur sehr schwer, manches ist gar nicht zu beseitigen.

Was die Pigmentdefekte anlangt, so ist es vor allem die Vitiligo, die der kosmetischen Besserung die größten Schwierigkeiten bereitet; denn es ist bisnun nicht gelungen, dort eine Pigmentierung zu erzielen, wo Vitiligo einen Pigmentmangel zustandegebracht hat. Die immerwährende Behauptung der Patienten, daß die Vitiligo im Winter besser, im Sommer deutlicher werde, ist darauf zurückzuführen, daß sich im Sommer die die Vitiligo umgebende Haut dunkler pigmentiert als im Winter, so daß der Kontrast im Sommer umso deutlicher wird. Alle Versuche, an vitiliginösen Stellen durch irgendwelche Entzündungen oder Licht-Reaktionen oder sogar leichte Verbrennungen Pigment zu erzeugen, sind mißlungen. Eventuell wirklich zustandekommende leichte Pigmentierungen sind nur von kürzester Dauer. Es bleibt somit nichts anderes übrig, als die kranken Stellen entsprechend zu überschminken und die peripheren normalen oder hyperpigmentierten Stellen zu bleichen. Das Schminken der pigmentlosen Krankheitsherde wird verschiedentlich gemacht: meistens werden der Hautfarbe entsprechende Puder verwendet, die mit geringen Fettmengen unterlegt werden. Im Kachieren solcher Flecken sind die Trägerinnen in der Regel selbst sehr erfinderisch; sie verwenden schwache wässerige Lösungen von Kalium hypermanganicum, ja selbst schwarzen Kaffee und anderes, mit denen die hellen Flecken bestrichen werden. Hat die Vitiligo ausgedehnte Bezirke ergriffen, sind die freigetragenen Körperstellen alle depigmentiert, so wird die kosmetische Entstellung immer geringer, und sind einmal Hände, Gesicht und Decolleté vollständig depigmentiert, so erübrigt sich zumeist eine Behandlung. Immerhin dauert das oft Jahre. Bis dahin tut man immer noch am besten, die normale umgebende Haut durch Bleichung der Farbe der kranken Haut anzugleichen. Das geschieht am vorteilhaftesten mit Bleichpasten oder Bleichwässern, wie sie im Späteren (Seite 87 u. ff.) ihre Besprechung finden werden.

Weniger härtnäckig für die Behandlung, dafür umso peinlicher für den Träger und besonders für die Trägerin sind jene pigmentarmen Flecken über Hals und Nacken, die man als L e u k o d e r m a bezeichnet. Ob sie durch Lues, Psoriasis oder Pityriosis lichenoides chronica bedingt sind, ist für die Therapie, die sie nur möglichst rasch zum Verschwinden bringen soll, mehr weniger einerlei. Oftmals kann man diese pigmentarmen Flecke durch ein leichtes Höhensonnen-Erythem pigmentieren, aber mitunter mißglückt der Versuch und man erreicht nur eine Pigmentanreicherung der gesunden Haut, also gerade das Gegenteil vom Erstrebten. Es wird auch hier die Schminke, d. h. der hautfarbene Puder wie bei der Vitiligo, das Mittel der größeren Vorsicht sein. wenn man nicht auch in diesen Fällen die Bleichung der normalen Haut vorzieht, was, da es stets mit Quecksilber geschieht, sowohl für Lues, wie für Psoriasis gleichzeitig eine Behandlung des Grundübels bedeutet. Im übrigen schwinden alle Leukoderm-Flecke mit der Zeit von selbst.

Für a t r o p h i s c h e p i g m e n t a r m e N a r b e n bleibt nur die Schminke, wenn man nicht die Möglichkeit hat, die Narbe kosmetisch günstig in toto zu entfernen. Wünsche nach Tätowierung mit der Hautstelle möglichst farbähnlichen Tätowierungsmassen weise man zurück.

Hyperpigmentierungen.

Pigmentierungen infolge von Entzündungen.

Im allgemeinen lassen sich Pigmentierungen als Folgezustände nach Entzündungen, nach Verbrennungen, nach Akne, durch Schäl- oder Bleichpasten relativ leicht entfernen, am besten durch beide, nacheinander. Vorerst mache man eine Schälkur. Dazu kann man β-Naphthol-Schwefel-Seifen-Vaselin verwenden (Rezeptur und Anwendungsweise Seite 25). Oder man benützt eine 25—50%ige Resorzin-Zinkpaste, die ein bis zwei Millimeter dick auf die veränderte Haut aufgetragen über eine Nacht liegen bleibt. Darauf erfolgt im allgemeinen eine Entzündung der Haut, die in wenigen Tagen zur Abschälung führt. Jedoch ist die Resorzin-Zinkpaste weniger zu empfehlen, da sie in manchen Fällen intensive Reizung mit Schwellung verursacht oder gar die Niere schädigt, in manchen anderen Fällen gar keine Wirkung hat und gelegentlich, namentlich bei Stellen, die dem Sonnenlichte ausgesetzt sind, sogar eine noch stärkere Pigmentierung hervorrufen kann.

Was die Bleichmethoden anlangt, die man gerne einer Schälkur folgen läßt, so kann man hiezu das Wasserstoff-Superoxyd oder das Quecksilber wählen.

Rp. Hydrogen. superoxydat., Eucerin. anhydric., Aqu. rosar. ää 10.0; S. Bleichsalbe, oder

Rp. Hydrarg. pp. alb. 3.0, Past. Zinci 30.0; S. Bleichpaste.

Will man die Bleichwirkung durch eine leichte Schälung erhöhen, so kann man der 10%igen Präzipitat-Zinkpaste noch 5—10% Acidum salicylicum hinzufügen, vergesse aber dann nicht, die hohe Konsistenz dieser Paste durch etwa 5% Oleum amygdalarum dulcium zu verringern. Der vorsichtige Arzt wird bei dieser Bleichkur zuerst an irgend einer kleinen Stelle versuchen, ob der Patient das Quecksilber verträgt, da es Menschen gibt, die dagegen sehr sensibel sind. Als Ersatz für das Hydrargyrum praecipitatum kann man als alkohol-lösliches Präparat Sublimat wählen:

Rp. Hydrarg. bichlorat. corros. 1.0 (!), Talci Veneti 10.0, Spirit. vini conc. 100.0, Glycerini 0.5; S. signo veneni; DS. Vor Gebrauch zu schütteln.

Man pinsle diese milchige Flüssigkeit auf die zu bleichenden Partien täglich auf.

Auch bleichende Waschwässer wirken mitunter ganz gut. Z. B.

Rp. Hydrarg. bichlorat. corros. 0.2 (!), Zinci sulfurici 0.8, Spirit. camphorat. 2.0, Aq. destill. 100.0; S. signo veneni; D. S. Bleichwasser.

Man wasche täglich mit einem Wattebäuschchen oder einem Schwämmchen, das mit dieser Lösung getränkt ist. Unter leichter Abschilferung folgt Bleichung.

Naturgemäß gelingt die Bleichung im Winter leichter als in der sonnenreichen Zeit.

Zur Unterstützung der Bleich- und Schälwirkung sind noch Waschungen mit 2½ bis 5%igen Salizyl-Seifen oder Wasserstoff-Seifen (Ogenin-Seife) oder 4%ige Afridol-(Hg)Seife zu verwenden.

Berlocque-Dermatitis.

Einer Pigmentierung sei hier gedacht, die man erst in den letzten Jahren kennen gelernt hat, der Berlocque-Dermatitis, der Berlocque-Pigmentierung. Diese Pigmentierung macht schon aus der Form ihrer Erscheinung den Eindruck des Artefiziellen; denn sie setzt sich aus Flecken und Streifen zusammen, die ihren Sitz zumeist am Hals oder in der Nähe der oberen Brust-Appertur haben. Auch im Gesichte und von den Achselhöhlen ausgehend, streifenförmig in die Umgebung reichend, findet man sie lokalisiert. Diese fleck- und strichförmigen Pigmentierungen sind hell- bis dunkelbraun und für die Trägerin — es kommen fast nur Frauen in Betracht — stets rätselhaft entstanden. Sie sind dadurch zustandegekommen, daß die Haut mit ätherischen Ölen oder auch mit Benzin befeuchtet, nachträglich noch feucht, der Sonne ausgesetzt worden ist. Die ätherischen Öle sind hauptsächlich Zusätze zu gewissen Toilette-Wässern oder zu Kölnisch-Wasser, besonders 4711. Die vorerst durch diese Reizstoffe aufgetretenen Dermatitiden sind in der Regel so leicht, daß sie den Patientinnen entgehen. Erst durch die braune Farbe wird die Affektion augenscheinlich und damit zur Ursache ärztlicher Intervention. Die Berlocque-Pigmentierungen schwinden meistens spontan nach kurzer Zeit. Ihre Entfernung kann durch die vorher genannten Bleichmittel (Seite 87) beschleunigt werden.

Chloasma.

Viel schwieriger ist es, die großen als Chloasma bezeichneten Pigmentierungen zu beseitigen, welche Ursache sie immer haben. Es ist hier eine Methode empfohlen, die schon durch ihre Art auf die Schwierigkeit der Beseitigung dieser Pigmentationen hinweist. Auch sie führt nicht immer zum Ziele, ist aber versuchenswert: Man scheuere mit feinstem Glaspapier die Oberhaut vorsichtig bis zur leichten Blutung ab, oder man fräse sie ganz oberflächlich und belege dann die so erodierte Hautpartie mit Wasserstoff-Salbe zur Bleichung. Richtig durchgeführt, d. h. nicht zu tief gefräst und nicht zu tief gescheuert, erhält man mitunter sehr gute Resultate. Will man sich dieser etwas eingreifenden Methode nicht bedienen, so wird man auch hier nur mit Schäl- und Bleichmitteln behandeln können. Im übrigen werden bei den reinen Pigment-Mälern noch Behandlungsmethoden angeführt worden, die versuchenswert sind (Seite 91 und 92).

Ephelides (Sommersprossen).

Die Sommersprossen sind äußerst schwer traktabel. Zu ihrer Beseitigung sind verschiedene Methoden empfohlen, ein Zeichen, daß keine absolut sicher wirkt. Zumeist erlebt man im Sommer trotz Behandlung mehr weniger intensive Rezidiven. Am besten hat sich therapeutisch immer noch die Schälung bewährt. Man kann sie mit Höhensone erreichen, indem man mit einer Bestrahlung eine Erythem-Dosis setzt, oder aber auch mit medikamentösen Mitteln, wozu sich Schwefel-β-Naphthol-Seifen-Vaselin eignet (Seite 25). Mit dieser Schälpaste dürfen wegen der Giftwirkung des β-Napthols nicht zu ausgedehnte Körperpartien, wie vielleicht die ganzen Arme, behandelt werden. Nach durchgeführter Schälung bleiche man mit Quecksilber- oder Wasserstoffsuperoxyd-Präparaten (Seite 87). Für hartnäckige Fälle steigere man die Konzentration der bleichenden Materialien, achte aber bei den Quecksilber-Präparaten besonders auf ihre Verträglichkeit (vorerst ein Versuch!).

Rp. Hydrarg. praec. albi, Bismuth. subnitrici āā 0.5, Ung. simplicis 20.0; M. F. ung.; S. Sommersprossen-Salbe.

Oder:

Rp. Perhydroli Merck 6.0, Antifebrin 0.15, Lanolin anhydr. 30.0; M. F. ung.; S. Zur Bleichung.

Oder:

Rp. Natr. perboric. 17.0, Acidi tartar. 8.2, Aq. destill. 100.0; M.D.S. Zum Einpinseln.

Die Versuche mit dem Wirzschen Nadelbrenner oder mit dem Unnaschen Mikrobrenner, die Sommersprossen durch oberflächlichste Berührung zu beseitigen, geben nur Teilerfolge. Anderseits kann man ihre Entfernung mit der Fräse versuchen. Spannt oder preßt man zwischen zwei Fingern die zu fräsende Haut, so wird die kleine Operation mit dem sich rasch rotierenden Instrumentchen nicht als schmerzhaft empfunden. Eine Anästhesierung ist nicht nötig, kann aber mit Chlor-Äthyl schon deshalb vorteilhaft durchgeführt werden, weil durch die Erfrierung die Haut zur Abfräsung geeigneter, hart wird. Bei ausgedehnten Epheliden ist dieses Verfahren äußerst zeitraubend und der Erfolg nicht absolut sicher. Daß die Fräsung nur ganz oberflächlich vorgenommen werden darf, ist selbstverständlich.

Mitunter werden die Sommersprossen durch ein beliebtes Volksmittel, durch den Saft der Zitrone, wenigstens blasser. Man mache tägliche Einreibungen damit. Zur Unterstützung der therapeutischen Maßnahmen kann man versuchen, die Trägerin der braunen Flecken im Sommer rote Sonnenschirme benützen zu lassen. Als Lichtschutz-Salbe wird Antilux empfohlen, dessen wirksame Substanz Naphthol-disulfonsaures Natrium ist. Man kann auch gewöhnliche hautgefärbte Zinkpaste durch Beigabe von 4—5% Chininsulfat zur Lichtschutzpaste gestalten; Chinin läßt Licht fast gar nicht durch.

Rp. Chinin sulf. 1.0, Pastae zinci oxydati 20.0, Umbra q. s., ut f. color cutis; M. F. Pasta; S. Lichtschutzpaste.

Eine andere Lichtschutzsalbe setzt sich wie folgt zusammen:

Rp. Aesculini, Chinini bisulfurici āā 1.5, Lanolini, Vaselini āā 50.0; M. F. ung; S. Lichtschutzsalbe.

Viele Patienten begnügen sich mit einer Verringerung der Intensität der Erkrankung. Sie sind deswegen zumeist mit der obengenannten Präzipitat-Wismuth-Zinkpasten-Applikation über Nacht zufrieden.

Pigment-Naevi.

Man unterscheidet reine Pigment-Naevi (Lentigines, Linsenflecke) und pigmentierte Zell-Naevi

Die reinen Pigment-Naevi stellen entweder kleine, meistens ziemlich dunkle Fleckchen dar, die zerstreut vereinzelt im Gesichte und an den Extremitäten besonders die weiblichen Patienten belästigen. Oder aber es handelt sich um isolierte, milchkaffee-farbene, also hellbraune, größere bis handtellergroße Flecken.

Die Zellnaevi sind pigmentierte, harte, also als Knoten auftretende oder auch weiche, braune Naevi. Diese wieder können unbehaart oder behaart sein. Als letztes schwerstes Krankheitsbild wäre noch der über große Körperpartien ausgedehnte Tierfell-Naevus und der große, dunkel-pigmentierte Naevus zu nennen, der am ganzen Stamme zerstreute, kleinere Naevi setzt, so daß er auf den ersten Anblick den Eindruck eines metastasierenden Melanosarkoms macht. Die Furcht, daß alle die hier genannten Pigment-Mäler auf irgend eine sie traumatisch treffende Therapie gelegentlich maligen degenieren, braucht uns nicht vor Eingriffen zu hindern, da die Degeneration ja doch ein ungemein seltenes Vorkommnis ist. Es gibt namentlich amerikanischerseits Autoren, die auf dem Standpunkte stehen, daß jeder Naevus wegen Degenerationsgefahr zu exzidieren sei. Dieser Standpunkt wird aber schon an dem Widerstande der Patienten fast regelmäßig scheitern.

Die ganz kleinen, fleckigen, reinen Pigment-Naevi entfernt man am besten mit der Fräse. Es gibt allerdings hier Naevi, deren Pigment nicht nur in die Basalschicht des Epithels, sondern auch bis tief in die Cutis hineinreicht, so daß nicht immer die Fräse allein alles Pigment zerstört. In diesem Falle ist man genötigt, die tiefsten Partien des noch braun bleibenden Naevus mit einer möglichst kleinen Stanze zu beseitigen. Mitunter sieht man auch, daß sich nach einmaliger Fräsung wieder etwas Pigment bildet. Dieses muß durch eine zweite Fräsung beseitigt werden. Auch Kohlensäure-Schnee-Behandlung gibt namentlich bei den etwas größeren, reinen Pigment-Naevis oft sehr gute Resultate. Man appliziere den Kohlensäureschnee in genauer Größe des Naevus unter leichtem Drucke zirka 10 bis 15 Sekunden. Bei den größeren, milchkaffee-farbenen Naevis trägt man den Kohlensäureschnee am besten mit Äther oder Azeton gemischt mit dem Watte-Pinsel auf. Die Einwirkung auf den Naevus soll höchstens wieder 15 Sekunden betragen. Mitunter jedoch sieht man, daß nach Abstoßung der durch den Kohlensäure-Schnee entstandenen Blasendecke der Naevus sein ganzes Pigment verliert.

daß aber nach einiger Zeit das Pigment wieder kommt, jedoch nicht in der gleichmäßigen, über den ganzen Naevus gehenden Farbe, sondern in fleckiger Anhäufung, so daß die ehemals blaßbraune Partie nun scheckig, dunkelbraun gefleckt ist, ein äußerst unerwünschtes Resultat. Da man von keinem Milchkaffee-Naevus vorher wissen kann, wie er reagiert, so mache man an irgend einer kleinen Stelle einen Versuch, bevor man die Behandlung des ganzen Naevus beginnt.

Die Behandlung der pigmentierten Zell-Naevi fällt mit jener der fibromatösen Naevi zusammen. (Seite 81, 82.) Bei den pigmentierten Zell-Naevis bleibt nach Erledigung der elektrolytischen Behandlung oftmals noch ein Pigmentfleck zurück, den man am besten mit der Fräse entfernt.

Es gibt noch eine obsolete, immerhin aber noch gute kosmetische Resultate gebende Methode, die nicht unerwähnt bleiben soll. Das ist die oberflächliche Ätzung der Naevi mit Organsäuren. Am besten eignet sich hiezu ein Gemisch von Acidum trichloraceticum mit Phenol- oder Milchsäure. Zur Behandlung wird das Gemisch stets frisch bereitet. Man löst ein kleines Kriställchen Trichloressigsäure in einem Tropfen Acidum carbolicum liquefactum, setzt einen Tropfen Acidum lacticum und einen Tropfen Wassers hinzu. Mit diesem Gemisch betupfe man den Naevus mit einem dünnen Glasstäbchen. Wie die behandelte Stelle verschorft, weiß geworden ist, erfolgt Neutralisation mit Alkohol. Auch diese Verätzung muß solange wiederholt werden, bis der Naevus vollkommen geschwunden ist. Es resultieren daraus kaum sichtbare Narben oder, besser gesagt, atrophische Herdchen, die auch vom Pigment des ehemaligen Naevus nichts mehr zeigen (Seite 83).

Eine unangenehme Komplikation stellen bei den Naevis Haare dar: Naevi pilosi. Will man ein schönes kosmetisches Resultat erzielen, so muß man vorerst die Haare durch Elektrolyse entfernen. Schon dadurch wird der Naevus etwas kleiner. Die Behandlung des Naevus selbst erfolgt erst nach der Epilation. Deswegen bereiten die größeren Tierfellnaevi dem kosmetisch arbeitenden Dermatologen unüberwindliche Schwierigkeiten. Allzu ausgedehnte Tierfellnaevi bleiben infolgedessen meist unbehandelt. Kleinere solche Naevi exzidiert man am besten oder man vereist sie mit Kohlensäureschnee-Dosen, die je nach der Dicke des Naevus, von zirka 45 Sekunden bis auf 2 Minuten gesteigert werden müssen. Naturgemäß folgt solchen Behandlungen eine Narbe.

Fast den gleichen Schwierigkeiten begegnen strichförmige Naevi, Halbseiten-Naevi, systemisierte Naevi, bei denen man noch oftmals die unangenehme Erfahrung macht, daß sie trotz chirurgischer Exzision und Naht in gleicher Ausdehnung rezidivieren. Nicht zu vergessen ist dabei, daß manche Hautaffektionen linear auftreten und so klinisch von einem Naevus striatus nicht zu unterscheiden sind. Diese Hautaffekte können sich aber unter symptomatischer Salbenbehandlung vollständig zurückbilden. Man meine dann nicht, einen Naevus geheilt zu haben.

Braune Flecken, die sich bei alternden Menschen oft in Kombination mit flachen Epithelverdickungen, ähnlich den senilen Warzen, über den Handrücken und im Gesicht entwickeln, sprechen am besten auf kleine Dosen Kohlensäure-Schnee an (je nach der Dicke und Beschaffenheit der senilen, eventuell schon atrophischen Haut 5—15 Sekunden). In Ermanglung dieses kann man die Entfernung durch Abraspeln mit der Fräse oder Abschaben mit dem scharfen Löffel durchführen.

Tätowierungen.

Als Tätowierungen kommen nicht nur absichtliche Tusch- und Zinnober-Einbringungen in die Kutis- und Subkutis vor, sondern auch unabsichtliche. Diese sind meistens die Folge von Verletzungen, die mit Kohlenstaub verunreinigt oder durch Explosion (Pulverkörner) bedingt sind. Die Entfernung aller dieser Fremdkörper ist dann leicht möglich, wenn sie ihren Sitz in den alleroberflächlichsten Schichten der Kutis haben. Aus dem Epithel allein stoßen sie sich mit der Zeit ja selbst ab. Für die oberflächlichen Kutiseinlagen kommt man noch mit einer höher dosierten Kohlensäureschnee-Behandlung oder mit der Abfräsung der Fremdkörperlagen aus. Diese Behandlungsmethoden eignen sich schon deshalb ziemlich gut, weil sie kaum sichtbare Närbchen zurücklassen. Zumeist sind diese Tätowierungen nicht sehr ausgedehnt und strichförmig oder punktförmig eingelagert. Sitzen die Tätowierungen tiefer, reichen sie in die tiefen Kutis- oder Subkutis-Lagen, so müssen naturgemäß auch die Entfernungsversuche diese Lagen treffen.

Die Methoden der Nach-Tätowierung mit Tannin und Argentum nitricum, wie sie vielfach geübt wurden, geben durchaus keine befriedigenden Resultate, da sie mit groben Verätzungen und entsprechenden Narbenbildungen einhergehen. Nachtätowierungen mit Milch, wie sie viele Patienten an sich selbst machen, geben zwar auch Suppurationen, aber lange nicht so unschöne Narben, so daß solche therapeutische Maßnahmen eher noch zu empfehlen sind; allerdings müssen sie oft wiederholt werden. Chirurgische Eingriffe, wie solche mit dem Mikrobrenner oder der Elektro-Koagulation gemacht werden, indem man die Zeichnung der Tätowierung nachfährt, geben naturgemäß auch Narben und lassen, wenn sie nicht ausgiebig gemacht sind, oftmals noch kleine Reste der Tätowierung übrig. Außerdem bleibt bei ausgiebiger Entfernung mit Heiß- oder Kalt-Kaustik immer noch die Zeichnung der Tätowierung und oft sogar als hypertrophische Narbe zurück. Eine andere Behandlung ist die, Tätowierungen mit kleinsten Stanzen zu entfernen. Das führt man verschiedenzeitig durch. Auch diese Methode läßt die Zeichnung der Tätowierung und Farbreste bestehen.

Es wird sich infolgedessen für die Entfernung der Tätowierungen, wenn irgend möglich, immer noch am besten der chirurgische Eingriff mit plastischer Deckung des Defektes eignen. Ist die Tätowierung zu groß, um einzeitig entfernt zu werden, so beseitigt man sie in mehrzeitigen Exzisionen mit Entfernung der vorher gesetzten Operations-Narbe. So resultiert schließlich eine einzige lineare Narbe. Empfohlen wird auch, das Tätowierungsfeld im Halbkreis lappenartig zu umschneiden und nach Abpräparation des Lappens die Farbstoff-Partikelchen von der Unterseite mit Schere und Pinzette zu entfernen und den Lappen neuerdings mit Nähten in seiner früheren Situation zu fixieren. Praktisch ist auf diese Weise eine komplette Entfernung der Tätowierung kaum zu erreichen.

Erfrierungen.

Es seien hier nur die leichten Erfrierungen und die paretischen Folgezustände besprochen. Während sich die frische, erstgradige Erfrierung meistens unter Salizyl-Alkohol-Eintupfungen zurückbildet, bleiben oft genug nach wiederholten leichten gleichen Schädigungen Gefäßparesen über, die die befallenen Partien blaurot erscheinen lassen und jucken. Sie lokalisieren sich zumeist an der Nase, an den Händen und Füßen sowie bei den Frauen, die kurze Röcke und dünne Strümpfe tragen, an den Unterschenkeln. Die therapeutischen Eingriffe bei den Erfrierungen der Nase wurden bereits (Seite 51 und 52) besprochen.

Im Allgemeinen treten Erfrierungen für gewöhnlich bei feuchtem, nicht gerade immer sehr kaltem Wetter auf und befallen zumeist anämische, schwächliche oder sonst irgendwie weniger widerstandsfähige Individuen, die umso leichter erkranken, wenn unvernünftige Kleidung noch verminderten Schutz gewährt. Auf diese zwei Punkte ist besonders zu achten. Vor allem ist eine entsprechende Allgemeinbehandlung einzuleiten. Die Kleidung sei warm und niemals eng anliegend (enge Handschuhe, enge Schuhe erschweren die Blutzirkulation und damit die Abwehr des Organismus gegen die Erfrierung). In den letzten Jahren haben die Höhensonnenbehandlungen und die Diathermie gewisse Erfolge erzielt, die jedoch für gewöhnlich keine dauernden sind, so daß sie nicht vollkommen befriedigen. Die ehemals gemachten Wechselbäder gegen Erfrierungen sind zum großen Teile wegen ungenügender Erfolge aufgegeben worden. Am besten hat sich bei bestehenden Erfrierungen der Hände und Füße das Radium-Emanations-Bad bewährt. In ein vorbereitetes warmes Hand- oder Fußbad werden vorsichtig, knapp ober der Wasseroberfläche 200.000 bis 300.000 Mache-Einheiten Radium-Emanation eingegossen. Der Patient bleibt in diesem Hand- oder Fußbad eine halbe Stunde, und zwar möglichst ruhig, um nicht durch Bewegung das Emanations-Gas zum Entweichen zu bringen. Nachträgliche dünne Einstreichungen mit Ichthyol- oder Cehasol-Pasten sind von Vorteil. Auch folgende Salbe hat sich bewährt:

Rp. Liquor Burowi 0.6, Lanolin 4.0, Camphorae 0.2, Vaselini 20.0; M. F. ungentum; S. Frostsalbe.

Fertige Frostsalben enthalten vielfach Reizmittel in Form von Terpentin oder Petroleum, die dann des öfteren zu artefiziellen Dermatitiden führen. Unter dem Namen Dermotherm ist eine aktive Hyperämie erzeugende Salbe in den Handel gebracht worden, die bei passiv hyperämischem Erfrierungszuständen oftmals recht gut wirkt. Gegen zirkumskripte Erfrierungen und Frostbeulen haben sich auch bewährt, z. B.:

Rp. Tinct. jodi, Tinct. gallarum aa 10.0; S. Einpinselung.

Oder:

Rp. Acid. tannic., Zinci sulfurici aa 1.0, Ung. emollientis 15.0; M. F. ung.; S. Frostsalbe.

Oder:

Rp. Acid. citrici. 1.0, Bals. Peruv. 2.0, Lanolini, Vaselini aa 25.0; M. F. ung.; S. Frostsalbe.

Alle Stauungen sind bei den genannten Veränderungen naturgemäß zu vermeiden, da sie die passive Hyperämie steigern. Handelt es sich um Erfrierungen an den Unterschenkeln, so tun oftmals Pinselungen mit reinem Cehasol oder reinem Ichthyol gut. Mitunter kann man auch durch Zinkleimverbände, die über die Cehasol-Applikation gelegt werden und zirka 5—8 Tage liegen bleiben, eine raschere Besserung der Krankheitszustände erreichen. Ist einmal der Zustand gebessert, so muß selbstredend die entsprechende Prophylaxe einsetzen.

Das Rezept für den Zinkleim lautet:

Rp. Zinci oxydati, Gelatini āā 15.0, Glycerini 25.0, Aq. destill. 45.0; S. Zinkleim.

Im Wasserbad erwärmt, wird die Masse flüssig, vor dem Erkalten aufgetragen und mit einer Mullbinde fixiert. Das gibt einen elastischen Kompressions-Verband. Die Anlegung des Verbandes erfolge bei abgeschwollenem, horizontalruhendem Bein.

Haben sich an die Erfrierung, namentlich der Unterschenkel, infiltrative Prozesse angeschlossen, so sind Röntgen-Bestrahlungen nötig, um des Übels wieder dauernd Herr zu werden.

Zweitgradige Erfrierungen, die mit Blasenbildungen einhergehen, sind nur ganz vorübergehende Zustände, d. h. sie hinterlassen keine Folgen und unterliegen der symptomatischen Therapie.

Hyperidrosis und ihre Folgezustände.

Soweit vermehrte Schweiß-Sekretion nervösen Einflüssen unterliegt, ist es selbstredend, daß lokale Behandlung nur sehr wenig oder gar nichts leisten kann. Hier muß eine Allgemein-Therapie einsetzen, wegen welcher am besten der Nervenarzt befragt wird. Die Lokal-Therapie ist nur eine unterstützende.

Wir kennen ziemlich viele Mittel, die lokal auf die Schweiß-Sekretion einwirken, so die Salizylsäure, das Resorzin, das Formalin, Chrom und Tannoform, die Weinsäure, den Alaun und schließlich das Kalium permanganicum. Zur Behandlung können die genannten Präparate als Seifen-, oder als Badezusätze, als in Alkohol gelöste Einpinselungen, sowie schließlich als Zusätze zu Pudern, selten zu Pasten verwendet werden. Die Wahl des Präparates ist von der Stärke der Hyperidrosis und der zu behandelnden Stelle abhängig.

Die übermäßige Schweiß-Sekretion des Gesichtes ist selten, höchstens bei Damen Ursache kosmetischer Konsultation. Hier nützen am besten Waschungen mit 2½—5%iger Salizyl-Seife und Abtupfungen mit geeigneten Toilette-Wässern:

Rp. Acid. salicyl. 2.0, Spirit. vini. dilut. 80.0, Spirit. vini Colon. 18.0.

Oder:

Rp. Acid. tartar. 3.0, Acid. borici 7.0, Spirit. vini dilut. 90.0.

Man läßt dann einen entsprechenden Puder folgen, z. B.

Rp. Acid. salicyl 3.0, Acid. borici 5.0, Acid. tannici 5.0, Aluminis 2.0, Talci Veneti 85.0; M. F. pulvis; S Puder.

Auch Salizyl-Vasenol-Puder (Körperpuder) (Köpp) leistet sehr Gutes. (Amylum meide man bei Hyperidrosis, da es mit der Schweißflüssigkeit zu einem Teig wird.)

Gesteigerte Transpiration am Capillitium ist nicht nur wegen ihrer selbst, sondern gleichzeitig auch wegen des konsekutiven Haarausfalles zu bekämpfen. Die Behandlung ist mit jener des Gesichtsschweißes identisch. Man füge eventuell den alkoholischen Wässern noch Formalin hinzu, überschreite jedoch den Prozentgehalt von 1% nicht. Ist die Schweißsekretion mit Seborrhoe des Capillitiums kombiniert, was oft zutrifft, so füge man den bei der Seborrhoe empfohlenen alkoholischen Mitteln (Seite 43) noch 1% Formalin, den Pudern 10% Tannoform und ½% Formalin hinzu.

Bei Achselhöhlenschweiß ist wegen der Zartheit der Haut Vorsicht geboten. Auch hier ist die Hyperidrosis oftmals kombiniert mit Seborrhoe. Waschungen erfolgen am besten mit Salizyl-Seife. Als Toilettewasser verwende man 2—3%igen Salizylalkohol, dem man bei gleichzeitiger Seborrhoe 3—5% Cehasol oder Ichthyol beifügt. Als Puder gebrauche man tüchtige Einstreichungen (nicht nur Einpuderungen) von Salizyl-Vasenol-(Körper)-Puder (Köpp) oder man benütze eine Trockenpinselung mit zirka 2—3% Resorzin.

Rp. Zinci oxydati, Talc. Veneti aa 15.0, Glycerini 12.0, Aqu. destill., Spirit. vini conc. āā 10.0, Resorcin 2.0; M. F. emulsio; S. Naßpuder.

Tritt in der Achselhöhle die Seborrhoe eventuell sogar mit einem leichten Ekzem in den Vordergrund, so leistet der Sulfoderm-Puder gute Dienste. Man kann auch zum Naßpuder 2—5% Ichthyol oder Cehasol hinzusetzen. Ausgezeichnet wirken kleine Mengen Wilkinsonscher Salbe bei Nacht, die man Morgens wieder abwäscht. Sogenannte Schweißblätter sind zu meiden. Statt ihrer nimmt man besser 3—4fach gelegte Gaze als Saugmittel.

Gegen unangenehmen Schweißgeruch in der Achselhöhle kommt man in der Regel mit spezifischen Waschungen, entsprechenden alkoholischen Eintupfungen und 5%igem Salizyl-, 10%igem Tannoform-Talg aus. Die Industrie hat gegen diesen Schweißgeruch eine Salbe auf den Markt gebracht „Odorex", die dünn eingefettet, gute Resultate leisten soll. Eigene Erfahrungen fehlen. Ganz ausgezeichnet ist es, mit einer Spur von Unguentum Wilkinsoni die Axillen nachts einzureiben und zu pudern. Am Morgen wäscht man mit Salizyl- oder Pernatrol-(H_2O_2)-Seife ab; wenn verträglich, kann man sogar Chronatseife verwenden) und pudert dann mit irgend einem Schweiß verringernden Puder, wie solche in Vorstehendem genügend genannt sind. Häufiger Kleiderwechsel ist in solchen Fällen etwas Selbstverständliches.

Die gleichen Mittel, die den Schweiß in der Achselhöhle bekämpfen, sind auch gegen die gesteigerte Schweißabsonderung im Sulcus genitofemoralis mit Erfolg verwendbar. Der hier auftretende besonders üble Geruch wird am raschesten durch tägliche Waschungen und ganz dünne Einfettungen mit Ung. Wilkinsoni bei Nacht beseitigt. Am Tag kann man nach der Morgenwaschung Salizyl-Vasenol- oder auch Sulfoderm-Puder verwenden. Will man sich von den genannten Fertig-Präparaten freimachen, so verordne man:

Rp. Natr. boracici 20.0, Acid. tannic., Aluminis āā 10.0, Talci Veneti 60.0; M. F. pulv.; S. Puder.

Oder auch:

Rp. Acid. tartar, Acid. salicyl., Formalin āā 0.5, Talci Veneti 40.0: M. F. pulv.; S. Puder.

Über die sekundären Pilz-Affektionen im Sulcus genitofemoralis sprechen wir weiter unten.

Viel wichtiger als die bisher genannten Lokalisationen vermehrter Schweiß-Sekretion ist der Hand- und Fußschweiß. Jede auch nur leicht feuchte Hand ist kalt und unangenehm zu berühren. Nirgends tritt die nervöse Beeinflussung der Schweiß-Sekretion mehr hervor als hier. Schon das Bewußtsein, eine Schweißhand zu haben, das Bewußtsein, jemandem die Hand geben zu müssen, genügt, um den Schweiß tropfenweise zu produzieren. In solchen Fällen ist es ungemein schwer, eine wirksame Therapie zu treiben. Die Lokalmittel allein helfen meistens nur wenig, es muß der Nervenarzt mithelfen, das Übel zu bessern. Der Geruch des amonikalischen Schweißes, wie er dem Fußschweiß stets anhaftet, fehlt bei der Schweißhand.

Die Lokal-Therapie der Schweiß-Hand und des Schweiß-Fußes kann mit ziemlich energischen Mitteln arbeiten. Hier sind vor allem mehrmals am Tage Waschungen mit Chronat-Seife und Einpuderungen mit Vasenoloform-(Fußpuder) zu nennen. Weniger energisch wirken Salizyl-Seife und 5%iger Salizyl-Talkpuder. Gut ist 10%iger Tannoform-Talk als Pudermasse. Man kann auch die beiden wirksamen Substanzen kombinieren.

Rp. Acid. salicyl. 2.5, Tannoform 5.0, Talc. Veneti ad 50.0; M. F. pulv.; S. Streupulver.

Gegebenenfalls sind auch Zusätze von 1—2% Formalin zu versuchen. Alte, aber gut wirkende Verordnungen haben Hände und Füße nachts mit Ung. Diachylon-Verbänden bedeckt. Naturgemäß muß diese Therapie viele Wochen durchgeführt werden, will man einen Erfolg sehen.

Der Fuß-Schweiß wird durch die Unmöglichkeit der Schweiß-Abdunstung im Schuh zumeist noch lästiger als der Hand-Schweiß; denn beim Fuß kommt noch die Zersetzung des sauren Schweißes in alkalischen und damit der penetrante Geruch hinzu. Dagegen helfen zirka ½—1%ige Kalium-permanganicum-Lösungen als Bäder, nachts Verbände mit 2% Salizyl-Diachylon-Salbe, tags Chronatseifenwaschungen mit folgenden Vasenoloform-Einpuderungen. Auch Formalin und Wasserstoffsuperoxyd werden als Badezusatz empfohlen. Wirksamerweise kann man die oben angegebenen Puder in die Strümpfe streuen, oder man läßt nachts Strümpfe tragen, die vorher in 10—15%ige Formalinlösung getaucht und getrocknet sind. Mit Einpinselungen von Formalinlösungen (zirka 50%) sei man vorsichtig; nicht jeder verträgt sie. Die meisten Schweißfüße sind gleichzeitig Plattfüße. Die dann notwendigen Einlagen kann man mit perforiertem Zinkblech bedecken; die Strahlung des Zinkbleches soll günstig auf die Schweiß-Sekretion einwirken, die Erfahrungen hierüber sind noch gering.

Von Röntgenbestrahlungen sei sowohl beim Hand- wie beim Fuß-Schweiß abgeraten; denn man beobachtet nicht selten, daß trotz höherer Röntgendosen die Schweiß-Sekretion anhält, oder daß Vola und Planta durch wenige hohe oder viele kleine Röntgen-Dosen übermäßig trocken, hautatrophisch werden und rhagadisieren. Außerdem waren Röntgen-Atrophie, sogar mit komplizierendem Röntgen-Karzinom schon öfters die Folge von Bestrahlungen wegen Hyperidrosis. Solche Erfahrungen sind gleichzeitig ein Beweis, wie hohe Röntgendosen nötig sind, um die Schweiß-Sekretion siegreich zu bekämpfen, d. h. in richtige Bahnen zu lenken.

Um den Schweißfuß prophylaktisch zu behandeln, ist es nötig, den Schweiß rasch abtrocknen zu lassen. Man lasse deshalb möglichst luftdurchlässiges Schuhwerk, Leinenschuhe, wenn es angeht, sogar Sandalen tragen. Jedenfalls sind Lackschuhe zu meiden. Oftmaliges Baden, täglicher Strumpfwechsel, luftdurchlässiges Schuhwerk und die genannte Behandlung sind gewiß imstande, die lästigen Symptome des Schweiß-Fußes beträchtlich zu verringern.

Pilzerkrankungen.

Im Anschlusse an mitunter auch nur gering vermehrte Schweißabsonderung entsteht nicht selten eine Pilzinfektion der Haut. Vor allem sind hier naturgemäß jene Hautpartien gefährdet, die durch Aneinanderliegen die für die Pilzwucherung günstigsten Ernährungsbedingnisse geben: Feuchtigkeit und Wärme. So entwickeln sich in der Achselhöhle, in den Falten der Hängebrüste und des Hängebauches, besonders aber im Sulcus genitofemoralis und zwischen den Zehen Pilz-Infektionen, die teils mehr, teils weniger Entzündungserscheinungen hervorrufen. Auch auf den Händen sowie auf den Füßen entwickeln sich im Anschlusse an eine geringe Schweiß-Sekretion Affektionen, die durch Pilze bedingt sind. Schließlich sei in den Bereich dieser Besprechung noch die Pityriasis versicolor einbezogen.

In der Achselhöhle, in der Schenkelbeuge, selten an anderen Intertrigostellen kommt das Erythrasma vor. Es geht ohne Entzündung einher und bildet gleichmäßige, zartschuppende Pilzrasen. Die Therapie dieser Affektion wird durch alle Hautdesinfektions-, durch alle Schäl-Mittel von der Seife bis zur Jodtinktur wirksam durchgeführt. Rücksichtnahme auf die individuelle Beschaffenheit der Haut ist selbstverständlich. Auch mit stärkerem (3%igem) Salizyl-Alkohol und Salizyl-Puder mit Tinct. jodi, Spirit. vini dil. aa, ebenso wie mit leichten Höhensonnen-Erythemen kann man der Affektion Herr werden. Daß die leichtesten Desinfektions-Methoden zur Bekämpfung des Erythrasma genügen, ergibt sich schon daraus, daß Menschen, die sich täglich mit Seife gründlich waschen und gut trocknen, nur äußerst selten an dieser Pilzaffektion erkranken.

Auch an Händen und Füßen tritt die Epidermophytie als Folge geringer Hyperidrosis auf. Die leichten Grade der Erkrankung sehen wir im Frühjahr und Sommer in Form von vereinzelten oder in Gruppen stehenden schweißgefüllten oder trockenen Bläschen auftreten, die peripher progrediente, landkartenähnliche Hornschichtablösungen bilden (Dysidrosis lamellosa sicca). Höhere Grade dieser Erkrankung sind als Pompholyx bekannt. Die Beseitigung des Leidens ist durch Desinfektion durchzuführen. Dazu eignen sich für die Hände am besten Seifenwaschungen mit $2\frac{1}{2}$—5%igem Zusatz von Acidum salicylicum. Nach gründlichster Trocknung mache man Eintupfungen mit zirka 3%igem Salizylalkohol und öftere Einstreichungen und Verreibungen mit desinfizierenden Pudern, wie z. B. mit Vasenoloform-(Fuß-)Puder. Es ist richtig, daß durch diese Manipulationen die Haut trocken, an den Händen manchmal zu trocken wird. Aber eben dieser Umstand bringt Heilung. Zu starker Trocknung begegnet man mit einer leicht fettenden Creme (Seite 4). Bei entzündlichen Erscheinungen müssen Seifenwaschungen vermieden werden.

Oftmals sieht man, daß bei kälterer Jahreszeit die Epidermophytie in ihren Symptomen zurücktritt. Gleichwohl ist sie nicht geheilt; die Pilze bleiben den ganzen Winter über als Saprophyten an der Oberfläche der Haut liegen, um bei wärmerer Jahreszeit und leichter Schweiß-Sekretion neuerdings Erscheinungen zu verursachen. Man behandle deshalb im Winter auf gleiche Weise oder zumindest mit einer Desinfektions-Seife allein, z. B. Resorzin-, Formalin-, Salizyl-Seife fort, wenn auch keine Erscheinungen bestehen.

Tritt dasselbe Leiden auf den Füßen (innerer Fußrand und

Fußgewölbe) auf, so kann man energischere Mittel verwenden, wenn sie auch braun sind und ein wenig riechen. So eignet sich z. B. ganz ausgezeichnet folgende Lösung zum Eintupfen:

Rp. Resorzini 3.0—5.0, Cehasol seu Ichthyol 5.0 bis 10.0, Spirit. vini conc. ad 100.0

und als Paste:

Rp. Resorzin 2.5, Cehasol seu Ichthyol 5.0, Pasta zinci ad 50.0.

Da häufig auch sekundäre Eiter-Infektionen zu derartigen Epidermophytien hinzukommen, so sind 1% ige Schmierseifenbäder für solche Fälle geradezu indiziert. Etwaige Pustelbildungen sind vorher zu öffnen. Nach Abspülung der Seifenlösung mit Wasser folge eine gute Abtrocknung und darnach Eintupfen mit entsprechenden alkoholischen Mitteln. Darnach obige Paste oder entsprechender Puder.

Viel lästiger sind jene Epidermophytien, die zwischen und unter den Zehen oftmals mit intensiver Mazeration verdickter Hornschicht, Rhagadenbildungen und schmerzhaften Entzündungen einhergehen. Sie sind eine Kulturerscheinung; der Barfüßler erkrankt so gut wie nie daran. Enge Schuhe, namentlich solche mit hohen Absätzen, und Lackschuhe fördern die Erkrankung. Die Unmöglichkeit der Abdunstung des Schweißes infolge des Zusammengepreßtseins der Zehen ist die Ursache. Sind die entzündlichen Erscheinungen besonders hochgradig, sind Bläschen oder sogar Pustelbildung hinzugekommen, so müssen in erster Linie die akuten Erscheinungen behandelt werden. Die Pusteleröffnung verhindert eine nicht selten auftretende Lymphangitis. Die weitere Therapie ist alsdann: Ruhigstellung des Beines, antiphlogistische Umschläge mit 1% igen Resorzin- oder 2—5% igen Cehasol-Lösungen. Der Umschlag soll so liegen, daß jede Zehe für sich von einem Umschlag bedeckt ist. Vorteilhaft ist, die entzündete Haut vorerst mit auf Gaze gestrichener 10% iger Xeroformsalbe zu belegen und darüber erst die Umschläge zu applizieren. Sind auf diese Weise die Entzündungserscheinungen abgeklungen, die Rhagaden und Erosionen geheilt, dann folgt die Pilzdesinfektion. Man kann dazu Wilkinsonsche Salbe, dünn auf die Haut gestrichen, verwenden und weiße Gaze als Einlagen zwischen und unter die Zehen machen oder mit oben genannten alkoholischen Lösungen, Pudern oder mit ähnlich zusammengesetzten Pasten desinfizieren. Die Behandlung muß lange fortgesetzt werden, da die Pilze in der

Hornschicht oft Monate im Latenzstadium bleiben wie bei der Dysidrosis lamellosa, um bei der nächsten guten Gelegenheit (geringer Schweiß, Fieber, Lackschuhe) neuerdings zu aggressivem Leben zu erwachen. Deshalb ist es nötig, nach derartigen Epidermophytien auch bei scheinbarer Abheilung noch lange Zeit Seifenbäder oder Waschungen mit Schwefel-, Salizyl-, Resorzin- oder Chronatseife fortzusetzen und nach den Bädern die Zehen und Zwischenzehenfalten sorgfältigst zu trocknen, entsprechend zu pudern und weite, leichte Schuhe zu tragen, die die Beweglichkeit der Zehen gestatten und niedere Absätze haben.

Pilzinfektionen der Haut, die mit Pustelbildungen, Rötung, Entzündung, Jucken, namentlich im Sulcus genitofemoralis öfters anzutreffen sind, gehören kaum mehr in den Rahmen dieses Büchleins. Es sei nur kurz erwähnt, daß hier Desinfektions-Methoden eingreifen müssen, die als solche schonend sind und doch energisch wirken. Dazu eignet sich am besten das Unguentum sulfuratum Wilkinsoni, das ganz dunn eingerieben vorteilhaft nur nachts zur Anwendung gelangt, während morgens Waschungen die Salbe entfernen. Nach guter Trocknung sind tagsüber desinfizierende Puder (Salizyl-Puder, Sulfoderm-Puder) zu verwenden. Außerdem eignen sich nach vorherigem Waschen Einpinselungen von Tinctura jodi und Spirit. vini zu gleichen Teilen.

Ebenso sei nur zur Vervollständigung kurz die Pityriasis versicolor erwähnt, die oft ausgedehnte Partien des oberen Stammes ergreift und mitunter durch leichte Entzündung die Diagnose erschwert. Auch hier ist Schälung, sei es durch Seife, sei es durch alkoholische Lösungen oder durch 5—10%ige Salizyl- oder Schwefel-Zinkpasten am Platze. Es mag noch erwähnt werden, daß speziell bei Patienten, die am Stamme eine stärkere Schweiß-Sekretion aufweisen, wie viele Tuberkulöse, die Tinctura salviae von guter unterstützender Wirkung ist. Man gibt zwei bis dreimal täglich 20 bis 30 Tropfen intern, um die Schweiß-Sekretion zu verringern.

Erkrankungen des Haares.

Bei den Erkrankungen des Haares müssen wir unterscheiden zwischen Erkrankungen des Haarschaftes und Erkrankungen der Haarpapille. Haarschafterkrankungen haben für gewöhnlich eine mechanische Ursache, Haarpapillenerkrankungen meistens eine toxische.

Die häufigsten Veränderungen des Haarschaftes stellen sich als Aufsplitterung der Haarrinde und Schädigung der Haarcuticula dar. Sie werden bedingt durch intensive Entfettung und schonungslose Behandlung der Haare mit Drahtbürsten, häufige Waschung mit stark entfettenden Mitteln und allzu rasche Trocknung des gewaschenen Haares. Die Mode des kurz geschnittenen Frauenhaares läßt die Veränderungen des geschädigten Haarschafts allerdings weniger deutlich und weniger oft erkennen als die Tracht des langen Haares. Um geschmeidig zu bleiben, bekommt das Haar von der Talgdrüse Fett, das in die Haarfollikel sezerniert, vom Haarschaft bis in die Spitze aufgesogen wird. Jede Haarwaschung, namentlich jede mit Alkalien durchgeführte, beseitigt diesen Fettüberzug des Haares, der jedoch von der Talgdrüse immer wieder ersetzt wird. Naturgemäß ergießt sich das von der Drüse abgegebene Fett zunächst über jene Partien des Haares, die der Haut am nächsten liegen. Bis es in die Spitzen des langen Haares aufgesogen wird, verstreicht eine längere Zeit. Wenn nun das entfettende Waschen des Haares in kürzeren Intervallen durchgeführt wird, als das Haar Gelegenheit hat, sein Fett bis in die Spitze zu saugen, dann wird eben die Haarspitze niemals Fett bekommen. Das Haar wird an der Spitze nicht nur in seinem Kolorit heller erscheinen, sondern es wird auch seinen Oberflächenglanz verlieren und seine Geschmeidigkeit einbüßen. Das Haarende wird sich aufsplittern und schließlich abbrechen. Solche Haarenden sind schon für das unbewaffnete Auge als pinselförmige Auffaserungen zu erkennen. Eine weitere Schädigung wird durch rasche Trocknung mittels heißer Luft (Föhn-Apparat) oder mit dem Ondulier-Eisen erzielt.

Will man dem Übel begegnen, so wasche man nicht zu oft, mit nicht zu sehr entfettenden Seifen oder Shampoons, die viel Alkali enthalten, trockne langsam, nicht mit heißer Luft des Föhn-Apparates oder der strahlenden Sonne oder mit heißer Ofen- und Kaminluft und bürste nachträglich mit einer weichen Bürste, deren Fläche mit guter Brillantine ein wenig eingefettet ist. In diesem einen Satz liegt eigentlich der Bescheid für eine normale Haarpflege. Die jetzt geübte „Haarpflege“ bewirkt geradezu das Gegenteil von dem, was für das Haar von Nutzen ist. Intensiv entfettende Shampoons, die einen hohen Prozentsatz Alkalien enthalten, Heißlufttrocknung, Heißluft-Wellung, Hitze des Ondulier-Eisens schädigen das Haar derart, daß es immer kürzer und kürzer wird. Speziell die Hitze-Applikation mit Föhn wirkt sich in Form von Zersplitterung und Abknickung des Haares aus. Die Patienten merken dann an den Haarenden Knötchenbildungen, pinselförmige Auffaserungen und beobachten selbst, daß die Haare in diesen Knoten abbrechen. Zumeist werden die so geschädigten Haare abgeschnitten, was naturgemäß nutzlos ist, wenn die unzweckmäßige „Haarpflege" fortbesteht. Daß einmal so geschädigtes Haar erst dann wieder normal werden kann, wenn es nachgewachsen nicht mehr geschädigt wird, liegt in der Natur der Schädigung. Was zersplittert ist, bricht jedenfalls ab. Nur eine länger dauernde, wirkliche Schonung des Haares kann diesen Übelstand allmählich beseitigen. Bei der kurzen Haartracht kommt diese Schädigung allerdings nicht so sehr in Frage, da die Haare stets gekürzt werden, und außerdem das kurze Haar sich eher mit genügend Fett ansaugt als das lange. Natürlich wird ein fettes Haar eher eine gewisse intensive Entfettung vertragen, während ein trockenes, sprödes, brüchiges Haar geschont werden muß.

Bei der Klage mancher Patientinnen, daß sie täglich so viele Haare verlieren, kann man sich oft überzeugen, daß nicht ein Haarausfall vorliegt, sondern daß vielmehr die abbrechenden Haare Bürste und Kamm füllen. Über den wirklichen Haarausfall wird im Kapitel über Erkrankungen der Haarpapille (Seite 106) gesprochen werden.

Während die eben genannte Schädigung des Haarschaftes zum Abbrechen unter Knotenbildung führt, die wir als Trichoptylosis bezeichnen, kennen wir noch eine andere Art der Knotenbildung im Haarschaft, die zum Unterschied davon Trichorrhexis nodosa genannt wird. Die ersten Beschreibungen stammen aus dem Orient. Wir finden sie nur äußerst selten noch am Schnurrbart, der durch diese Erkrankung an den Haarenden und auch im Verlaufe des Haares weiße Knötchen zeigt. Das Schnurrbarthaar wird dadurch immer kürzer. Angeblich handelt es sich um eine Infektion des Haarschaftes, die auch an der verwendeten Bürste mitunter gleiche Knötchenbildungen verursacht. Die beste Therapie ist Rasieren des Schnurrbartes und Beseitigung der Bürste.

Am Frauenkopfhaar wird die Erkrankung kaum mehr beobachtet. Im gegebenen Falle trachte man bei Dunkelhaarigen mit 5%igen Pyrogallus-Salben, bei Blondhaarigen mit ½%igen Sublimatsalben der Affektion Herr zu werden. Man bürste das Haar mit diesen Salben.

Eine weitere, allerdings auch nicht häufige Erkrankung, ist die Trichonodosis. Wie der Name sagt, handelt es sich auch hier um Knotenbildungen im Haar. Sie entstehen jedoch durch Schlingenbildungen. Mitunter splittert das Haar in der scharfen Biegung der Schlinge auf. Schon bei Lupenvergrößerung ist der Knoten als Schlinge erkennbar. Man findet diese Form der Erkrankung am Kopf- und Körperhaar. Bedingt ist sie fast stets durch Pruritus und intensives Kratzen, also durch mechanische Momente. Als Therapie kommt einzig die ursächliche Behandlung des Pruritus in Betracht.

Noch einer Affektion sei kurz gedacht. Es ist die Trichotillomanie, die durch Ausziehen der Haare an zirkumskripten Stellen entsteht. Meistens sind es jugendliche Individuen, die — wie der Name schon sagt — manisch sich ihre Haare ab- und ausreißen. Das klinische Bild ist durch die Kahlheit, die niemals so zirkumskript und niemals so total wie bei der Alopecia areata ist, leicht erkennbar.

Zu den Erkrankungen des Haarschaftes gehört noch die Trichophytie mit allen Varianten. Die Beschreibung dieser Affektion überschreitet aber das diesem Buche gesteckte Ziel. Nur an die Trichomykosis palmellina sei noch erinnert. Man versteht darunter eine Affektion, die in Form von gelben oder orangefarbenen Massen die Haare der Achselhöhlen teilweise oder ganz einscheidet. Fast nie sind alle Haare der Achselhöhle, sondern nur einzelne oder eine größere Zahl ergriffen. Die Auflagerungen erweisen sich als eine Masse von Bakterien und Pilzen. Beschwerden macht die Affektion keine. Sie schließt sich gewöhnlich an eine geringe Schweiß-Sekretion der Achselhöhle an. Die Entfernung des kosmetischen Fehlers gelingt leicht durch Seifenwaschungen und Eintupfungen mit irgend einem desinfizierenden Alkohol. Man kann dazu einen 3%igen Salizyl-Alkohol oder $^1/_4$%igen Sublimat-Alkohol mit nachfolgenden Einpuderungen wählen. Bei gepflegten Menschen kommt die Erkrankung kaum vor.

Erkrankungen der Haarpapillen.

Der Haarausfall ist eine der häufigsten Ursachen kosmetischer Konsultation. Bevor auf die Therapie eingegangen werden kann, müssen die verschiedenen Ursachen des Effluviums kurz besprochen werden. Jede Schädigung der Haarpapille, die intensiv genug ist, führt zum Haarausfall. Sind die Noxen, die hier einsetzen, vorübergehend und nicht sehr schwerer Art, so entsteht ein temporärer Haarausfall. Er ist prognostisch einer der günstigsten; denn wenn sich die Haarpapille von dem Schaden, der sie getroffen hat, wieder erholt hat, wird sie das verloren gegangene Haar ersetzen. Solche Noxen sind vor allem akute Infektionen. Es ist bekannt, daß bei den meisten Infektionskrankheiten, besonders bei oder vielmehr nach dem Erysipele der Kopfhaut, aber auch nach Pneumonie und Typhus der Haarbestand stark vermindert wird. Auch nach Ekzem und Psoriasis der behaarten Kopfhaut, sowie nach vielen, hier lokalisierten Entzündungen fallen die Haare aus. Sogar nach Narkose sieht man Haarausfall einsetzen. Von Röntgen weiß es jeder. Auch Vergiftungen können einen Haarausfall zeitigen (Thallium). Alle diese Formen des Haarausfalles gehen wieder spontan zurück, da die Schädigung selbst nur eine kurzdauernde und zumeist nicht schwere ist. Eine Behandlung dieser Fälle gibt infolgedessen für den Therapeuten ausgezeichnete Erfolge. Es ist ja nur nötig, der darniederliegenden Papille durch irgend ein Reizmittel eine arterielle Hyperämie zuzuführen. Ob das ein die Kopfhaut leicht irritierender, chemischer Körper ist oder ob das eine Massage ist oder ob es schließlich die Höhensonne tut oder auch nur die Himmelssonne, ist ziemlich einerlei und wird sich nach verschiedenen äußeren Momenten richten. Als irritierendes Haarwasser kommt zum Beispiel in Betracht:

Bei Blonden und Weißhaarigen: *Rp.* Acid. salicyl. 6.0, Spirit. vini diluti 180.0, Spir. vini colon. 14.0.

Bei Dunkelhaarigen kann man dieser Lösung Tinctura chinae composita oder Tinctura arnicae oder 1‰—½% igen Sublimatalkohol, oder irgend ein anderes Reizmittel in 2—3% iger Menge zusetzen.

Bei der Höhensonnenbestrahlung des Capillitiums ist ein leichtes Erythem wünschenswert, jedoch wird das nur bei Scheitelung und partienweiser Bestrahlung des Capillitiums erzielt. Die oftmals verwendeten Drahtbürsten, die eine Friktion und damit eine mechanische Irritation bezwecken, schädigen die Striktur des Haares, das im allgemeinen weiche Bürsten verlangt. Auch die passive Stauung der Kopfhaut durch eine über Stirn und Nacken gelegte Gummibinde, die mehrmals im Tage je zirka 5 Minuten durchgeführt wird, verursacht eine allerdings passive Hyperämisierung. Auch sie kann zum regeren Wachstum des Haares herangezogen werden.

Die chronischen Schädigungen, die durch Anämie, durch Tuberkulose und andere chronische Affektionen bedingt sind, benötigen neben der lokalen Behandlung des Kopfes auch eine allgemeine spezifische Therapie.

Die eben besprochenen Erscheinungen sind meistens dadurch leicht erkennbar, daß der Haarausfall ein diffuser, ziemlich gleichmäßiger, über das ganze Capillitium gehender ist. Bei der Syphilis kommt diese Form des diffusen Haarausfalles nur sehr selten vor; der typisch luetische Haarausfall ist ja ein makulöser und geht fast stets mit einem Leukoderma colli einher. Diese Alopecie, die an das Frühstadium der Syphilis gebunden ist, bedarf naturgemäß auch einer allgemeinen Behandlung, kann aber außerdem durch lokale 10%ige, weiße Präzipitatsalbe oder ½% Sublimatalkohol gut beeinflußt werden. Immerhin dauert es Monate, bis diese Symptome der Erkrankung am Capillitium gewichen sind. Dieser Haarausfall tritt auch in den Supercilien und Cilien, so wie in der Bartgegend auf. Die Behandlung bleibt die gleiche.

Einer luetischen Alopecie ähnlich kann mitunter auch die Alopecia areata sein, obzwar sie sich für gewöhnlich in einzelnen wenigen großen, scharfrandigen Herden lokalisiert. Die Therapie der Areata besteht in Applikation von Reizmitteln, ähnlich wie bei den toxischen Alopecieformen, die einzig und allein bezwecken, der Haarpapille durch vermehrte Blutzufuhr rascher aufzuhelfen. Am besten eignet sich hier die Höhensonnenlampe zur Therapie. Die Dosis soll eine Erythem-Dosis sein, der eine Schälung folgt, nach der eine zweite, eventuell eine dritte Erythem-Dosis zu applizieren ist. Meistens genügen drei Schälungen, um neue Haare sprossen zu sehen. In Ermanglung einer Höhensonne kann man jedes entzündungserregende Mittel wählen, z. B.

Rp. Hydrarg. bichlor. corros. 1.0 (!), Spirit. vini conc. 100.0; S. signo veneni.

In ganz vereinzelten Fällen bewirkt der Sublimat-Alkohol Entzündung und Oedem des Gesichtes. Man kann statt dessen verordnen:

Rp. Tinct. arnicae 5.0—10.0, Spirit. vini conc. 100.0

Oder:

Rp. Tinct. cantharid 5.0, Spirit. Lavandul. 100.0.

Auch andere entzündungserregende Mittel sind verwendbar, nur von Chrysarobin und Cignolin nehme man Abstand, sie färben das Haar schillernd violett und sind außerdem eine Gefahr für die Augen.

Die konfluierende Alopecia areata — die Alopecia totalis —, die oft sämtliche Kopfhaare und auch sämtliche Körperhaare befällt, ist prognostisch viel ungünstiger zu werten als es Einzelherde sind. Die Alopecia totalis wird meistens vergebens behandelt. Nichtsdestoweniger sollen auch hier besonders Höhensonnenbestrahlungen durchgeführt worden. Mitunter ist doch noch ein Wachstum der Haare zu erzielen. Auch Stauungen der Kopfhaut, die man mit über Stirn und Nacken gelegten Gummibinden erzielen kann, sind mitunter für das Haarwachstum noch förderlich.

In der prognostischen Beurteilung der Alopecia areata halte man sich an die Erfahrung, daß der Haarausfall desto ungünstiger ist, je zahlreicher und kleiner die Effloreszenzen und je jünger die befallenen Individuen sind.

Prognostisch ungünstiger als die Areata ist der parvimakulöse Haarausfall, die sogenannte Pseudopelade Brocq. Sie setzt für gewöhnlich am Scheitel ein. Die kleinen Herdchen konfluieren allmählich und streuen sich nach der Peripherie mit fleckigen Effloreszenzen aus. Dieser Haarausfall geht mit dauernder Atrophie der Haarpapille und dementsprechend mit Verlust der Follikelmündung einher. Man sieht also an der erkrankten Partie eine glatte, porenlose, haarlose Stelle. Daß an so weit fortgeschrittenen Erkrankungsherden jede Therapie machtlos ist, ist selbstverständlich. Behandlungsversuche können nur an den peripheren, noch nicht atrophischen Stellen Erfolg haben. Man verwendet am besten Quecksilber-Präparate, und zwar 4%ige Afridolseife zum Waschen, 1‰ bis ½%igen Sublimat-Alkohol zum Eintupfen, eventuell 10%ige weiße Quecksilber-Präzipitatsalbe zum Einfetten. Auch ein Höhensonnen-Bestrahlungs-Versuch kann gemacht werden.

Mit wenigen Worten nur sei jenes Haarausfalles gedacht, der einem Lupus erythematodes der Kopfhaut folgt; er gehört eigentlich nicht mehr in den Bereich der Kosmetik; immerhin sei 5%iger Salizylalkohol oder Tinct. jodi zur Schälung oder eine 2%ige Jod-Jodkaliumsalbe zum Einfetten empfohlen. Differentialdiagnostisch käme für diese Fälle die angeborene Aplasie oder ein spontan ausgeheilter angiomatöser Naevus der Kopfhaut in Frage. Die Anamnese gibt hier gewöhnlich schon Bescheid.

Die meisten Fälle, die wegen Haarausfalles die Intervention des Kosmetikers beanspruchen, haben die Seborrhoe zur Ursache. Bei den Frauen tritt dieser Haarausfall für gewöhnlich in der Schläfengegend und über den Ohren zuerst auf. Manchmal ist die Scheitelgegend die Erstlingsstelle. Bei den Männern leiten hohe Ecken oder auch der Haarausfall über dem Scheitel den Haarausfall ein. Vielfach kommt es zur Glatzenbildung, die bei den Frauen nie beobachtet wird. Als Prodrom des Haarausfalles stellt sich mit der beginnenden Atrophie der Papille ein Dünnerwerden des Haarschaftes ein. Im Allgemeinen fällt die Behandlung mit der Therapie der Seborrhoe zusammen. Leider sind wir oft nicht imstande, hier energisch genug einzugreifen, um den Haarausfall sicher zum Stillstand zu bringen. Trotzdem wird man immer wieder versuchen, mit allen Mitteln der Seborrhoe und damit auch dem Haarausfalle Herr zu werden. Am besten wirkt die Schwefel-Puderung der Kopfhaut. Im übrigen siehe Seborrhoea capillitii (Seite 40). Mitunter gelingt es, das Effluvium zum Stillstande zu bringen, jedoch ist es niemals möglich, einen schütteren Haarbestand wieder dichter werden zu lassen; man wird froh sein müssen, den jeweiligen Bestand zu erhalten.

Der senile Haarausfall ist meistens ebensowenig aufzuhalten wie das übrige Altern. Gewiß können vorübergehende arterielle Hyperämisierungen (Höhensonne) irritierende, alkoholische Haarwässer, Massagen, Stauungen, vielleicht auch entsprechende Hormon-Präparate den Schwund des Haares temporär aufhalten, jedoch keineswegs vollständig zum Stillstande bringen. Es ist eine individuelle, in der Konstitution des Menschen gelegene Sache, daß der eine früher, der andere später altert, daß bei dem einen die Symptome deutlicher, bei dem anderen weniger sichtbar sind. Allen Versuchen der modernen Zeit, das Alter zu bannen, sind nur kurzdauernde Scheinerfolge zuzusprechen.

Sind die Haare einmal schütter geworden, so fordern viele Damen, bevor sie zu Haareinlagen und ansteckbaren Löckchen greifen, jetzt mehr denn früher, einen Rat, wie sie Haarfülle vortäuschen könnten. Eine geeignete Methode haben wir hier in der Ondulation. Die Haare werden dadurch allerdings brüchig. Infolgedessen macht man lieber „Dauerwellen", was für die Haare vielleicht schonender ist. Frauen aber, die ferne von geübten Friseuren leben, sind gezwungen, sich Wasserwellen selbst zu machen. Um nun diese Locken und Wellenbildung dauerhafter zu machen und besonders gegen nebelige, feuchte Luft zu festigen, benötigen sie sogenannte Locken- oder Kräuselwasser. Als solches diene:

Rp. Natr. borac. 2.0, Glycerin 4.0, Spir. vini destill. 20.0, Aq. destill. 80.0, Infus. Benzoes 14.0, Terpineol 2.0; S. Lockenwasser. (Moderne Parfumerie von H. Mann, Ziolkowsky in Augsburg 1912.)

Erwähnt sei noch, daß man nach völliger Röntgen-Epilation wegen Trichophytie des Capillitiums die ehemals schlichten Haare oft gewellt nachwachsen sieht.

Hypertrichosis.

Die übermäßige Behaarung zeigt sich in verschiedenen Formen als heterogene, heterotope und universelle. Am häufigsten kommen die Patientinnen — denn im allgemeinen kommen nur Frauen zur Konsultation — mit der heterogenen Hypertrichosis zum Kosmetiker. Es handelt sich hier um die Behaarung im Gesichte, über den Backen, über dem Kinne, über der Oberlippe, wie sie vielfach klimakteriell, aber auch schon nach der Pubertät auftreten. Oder aber die Behaarung findet sich im Sinus mammae oder in den Areolen der Brust, mitunter ist es eine stärkere Behaarung an Ober- und Unterschenkeln, sowie an den Vorderarmen, die die Patientinnen zum Arzt führt. Die heterotope Hypertrichosis in der Sakral- und Lendengegend, sowie die universelle Hypertrichosis haben fast nur wissenschaftliches Interesse.

Für die Beurteilung der Therapie der übermäßigen Behaarung kommt vor allem die Beschaffenheit der Haare, sowie auch ihre Farbe und Stärke, endlich die Ausdehnung der Hypertrichosis in Betracht. Vorweggenommen sei, daß Lanugohaare unbehandelt bleiben sollen.

Handelt es sich um die Beseitigung von Schafthaaren, so soll in erster Linie ihre Lokalisation im Gesichte besprochen werden. Am häufigsten wird von den Frauen die Depilation geübt, wozu die Kosmetik zahlreiche Präparate auf den Markt gebracht hat. Es sei hier Taky, Veet, Jassy, Femy, Dulmin erwähnt. Im Allgemeinen handelt es sich bei all diesen Präparaten als wirksamen Bestandteil um Baryum sulfuratum. Die fertig käuflichen Präparate werden in Tuben oder in Tiegeln abgegeben, zersetzen sich aber leicht, wodurch sich ihre Wirksamkeit vermindert. Länger haltbar sind Präparate in Pulverform. So sind gut verwendbar:

Rp. Baryi sulfurati 20.0, Zinci oxydat., Amyl. Oryzae āā 10.0: M. F. pulvis.

Oder:

Rp. Strontii sulfurati 8.0, Zinci oxydat. Amyl. Oryzae āā 15.0, Mentholi 0.1; M. F. pulvis.

Oder:

Rp. Calc. vivae, Amyl. Oryzae āā 10.0, Natr. sulfhydrat. 3.0, M. F. pulvis.

Andere Enthaarungsmittel, wie die Rhusma Turcorum sind mit Auripigment dargestellt und deshalb äußerst giftig. Sie finden nicht mehr oder nur dort Anwendung, wo man gleichzeitig eine Arsenwirkung braucht (Seite 65).

Rp. Auripigment (Arseni sulfurati) 4.0, Calc. vivae 16.0; M. F. pulvis; S. signo veneni! S. Rhusma Turcorum.

Oder:

Rp. Auripigment, Amyl. Oryzae āā 25.0, Calc. vivae 15.0; M. F. pulvis; S. signo veneni!

Letztere Pulver sind schwer gut wirksam zu bekommen, da die Calcaria viva ganz frisch sein muß. (Vgl. hierzu Seite 66.)

Die kurz vor dem Gebrauch mit Wasser zu einem Brei verrührten Pulver oder der Inhalt der fabriksmäßig erzeugten Fertig-Präparate werden mit einem Holz- oder Beinspatel messerrückendick auf die behaarte Stelle gebracht, einige Minuten liegen gelassen und wieder erst trocken, dann mit Wasser und Seife entfernt. Irgend eine indifferente Creme nachher ist zu empfehlen. Die Länge der Einwirkung des Präparates auf die Haut hängt von der Stärke der Haare und von der Qualität des Präparates ab; zu lange lagernde Präparate entfernen die Haare nur sehr langsam und reizen im gegebenen Falle die Haut. Die Präparate müssen deswegen stets frisch verwendet und gut verschlossen werden. Die Applikation dieser Depilatoria wird täglich oder jeden zweiten Tag, oder nach Wunsch in größeren Intervallen vorgenommen. Die Wirkung entspricht einer chemischen Rasur. Sind die zu entfernenden Haare hell, so wird eine weitere Behandlung nicht nötig sein. Sind die Haare dunkel, so ist es vorteilhaft, der der Depilation folgenden Creme etwas Wasserstoff zur Bleichung der in den Follikeln sitzenden Haarenden beizufügen.

Rp. Kali carbonici 0.6, Aq. destill. 42.0, Glycerini 12.0, Cetacei 2.0, Stearini opt. 6.0, adde Hydrogen. superoxyd. off. 6.0. (Bereitungsweise siehe Seite 74.)

Manche. Frauen ziehen der chemischen Rasur spontan die Gilette-Klinge vor. Die von einigen Geschäftsfirmen angepriesene Wirkung eines schließlich gänzlichen Haarverlustes mangelt den oben genannten Präparaten ebenso wie der Gilette-Klinge.

Für die Depilation der Haare der Oberlippe, sowie der Achselhöhle empfiehlt sich am besten eines der oben genannten Baryum- oder Strontium-Gemische.

Eine andere Methode der Depilation ist die Abschleifung bestehender Haare mit dem Bimsstein, der bei täglicher Anwendung die Haare zu beseitigen imstande ist, namentlich dann, wenn man zwischen Haut und Bimsstein noch feinstes Schleifpulver, Marmorstaub — Pulvis cutifritius der deutschen Pharmakopoe — einschaltet. Es wird behauptet, daß auf solche Weise der Follikel schließlich zerstört und ein weiterer Haarnachwuchs vermieden wird; jedoch ist dazu eine Behandlung von 1 bis 1½ Jahren nötig. Diese Geduld bringt fast keine Patientin auf, umsomehr, als sehr häufig durch das Schleifmittel und den Bimsstein die Haut leicht gereizt und oft sekundär mit Staphylokokken infiziert wird.

Diesen Depilationsmethoden sind Epilations-Behandlungen gegenüberzustellen, die daraufhin abzielen, das Haar mitsamt der Haarzwiebel zu beseitigen. Am einfachsten tut das mechanisch die Cilienpinzette. Es gibt genug Frauen, die sich ihre unerwünschten Haare im Gesichte mit der Pinzette entfernen. Da die Haarpapille dabei aber erhalten bleibt, wachsen die Haare wieder nach. Das wäre noch das geringste, obzwar es von vielen jungen Frauen besonders schwer empfunden wird, wenn sie durch ein Krankenlager verhindert sind, ungesehen von ihrer Umgebung die Prozedur durchzuführen. Das Unangenehmste an dieser Methode ist, daß die meisten Patienten bei dem Versuche, auch die kürzesten, eben erst herauskommenden Haare mit der Pinzette zu fassen, sich leicht kleine Verletzungen und Haarbalgentzündungen zufügen. Wer eine mechanische Epilation en masse durchführen will, für den gibt es Wachspräparate (Enthaarungswachs), die Kolophonium enthalten. Die Methode ist schmerzhaft, wird aber doch von manchen gern durchgeführt.

Rp. Cerae albae 10.0, Resin. Benzoës āā 10.0, Resin. Dammar, Colophonii āā 7.0.

Harz und Wachs werden zusammengeschmolzen und in Formen gegossen abgegeben. Zum Gebrauche wird die Masse vorsichtig, am besten im Wasserbad erwärmt, auf Leinwand aufgestrichen, vor dem Erkalten auf die behaarte Stelle gebracht, angepreßt und schließlich, kalt geworden, rasch in der Haarrichtung abgezogen. Dabei werden die in der Masse festklebenden Haare epiliert. Bei nicht kompletter Epilation wird die Prozedur wiederholt. Diese Behandlung eignet sich besonders für kleine behaarte Naevi, an denen ältere Damen oft leiden. Sie begnügen sich mit der Haar-Entfernung und lassen den Naevus unbehandelt.

Die Wirkung aller auch noch so reklamhaft angepriesener Enthaarungsmittel ist eine temporäre; die Haarpapille wird durch keines geschwächt, geschweige denn zerstört. Alle durch diese Mittel entfernten Haare kommen wieder.

Intensiver könnte man sich die Wirkung von Thalliumazetat vorstellen. Thalliumazetat ist ein Präparat, das durch seine Giftwirkung die Haarpapille schädigt. Lange fortgesetzte Thalliumbehandlung könnte im gegebenen Falle einen Effekt in diesem Sinne auslösen, daß schließlich die Papille soweit geschädigt wird, daß sie kein Haar mehr sprossen läßt. Das Präparat dürfte natürlich nicht intern genommen werden, wir wir es tun, wenn wir eine komplette temporäre Kopfhaarepilation wegen Trichophytie durchführen wollen. In diesen Fällen gibt man einmal 8 Milligramm Thalliumazetat pro Kilo Körpergewicht. Will man aber eine lokalisierte Dauerwirkung erzielen, so versuche man eine externe, kleindosige, lange Applikation, etwa in der Form einer Salbe, wie sie Sabouraud empfiehlt.

Rp. Thallii. acetic. 0.3(!), Zinci oxyd. 2.5, Vaselini 20.0, Lanolini, Aq. rosar. āā 5.0; M. F. ung.

Die Salbe soll täglich auf die behaarte Stelle aufgetragen, längere Zeit liegen bleiben. Allmählich soll das Wachstum der Haare immer geringer werden. Eigene Erfahrungen fehlen.

Schließlich sei noch der Meinung entgegengetreten, daß Rasieren unerwünschten Haarbestandes die Haare stärker oder üppiger wachsen läßt. Diese irrige Meinung entsteht daraus, daß die ersten Konsultationen meistens zu Beginn des Haarwachstums erfolgen. In der Regel entwickelt er sich später intensiver. Es ist begreiflich, daß dann irgend einer Behandlung die Schuld für das stärkere Wachsen der Haare zugeschrieben wird.

Am wirksamsten sind Epilationsmethoden, die anstreben, die Haarpapille zu zerstören und damit einen dauernden Effekt zu erzielen. Hieher gehören die Elektrolyse, die Elektrokoagulation, schließlich die Röntgen- und Radiumbehandlung. Alle diese Methoden haben gewisse Nachteile. Bei der Elektrolyse ist darauf zu achten, daß die Nadel, die vom negativen elektrischen Pole mit 1 bis 1½ Milli-Ampère durch zirka 1 Minute gespeist wird, entlang der Haarscheide bis in die Haarpapille vordringe; denn es ist nur dann eine Gewähr für den richtigen Effekt gegeben, wonn wirklich die Haarpapille zerstört wird. Da mit gewöhnlichen, auch noch so dünnen Nadeln die elektrische Gewebszerstörung entlang der in der Haut steckenden Nadel vor sich geht, kommt es bei dieser Methode immer auch zu Zerstörungen des Haarfollikels und der Haut, somit zur kleinen Narbenbildung an der Oberfläche. Will man dieser Narbenbildung ausweichen, so muß man die sogenannten Kromayer'schen Nadeln zur Elektrolyse verwenden (Abbildung 10). Es sind das dünne Goldnadeln, die ungefähr 2 Millimeter von der Spitze entfernt auf eine Strecke von zirka ¾ Zentimeter mit einem Lack überzogen sind, der bei der Behandlung das Durchtreten des Stromes nach der Umgebung unmöglich macht. Die Nadeln sind somit an der Stelle, wo sie im Haarschaft stecken, und auch dort, wo sie die Hautoberfläche berühren, isoliert, so daß bei durchgehendem Strom bloß von der freien Nadelspitze aus die Zerstörung der Umgebung erfolgt. Es muß nun diese Nadel mit der freien Spitze in der Haarpapille stecken. Es ist leicht einzusehen, daß es bei dieser Behandlung ungemein schwierig ist, sowohl nach der Tiefe, wie nach den Seiten hin die Haarpapille so zu treffen, daß die Behandlung zweckentsprechend ausfällt. Daß es dabei immer Versager in der Behandlung gibt, d. h., daß die Haarwurzel bei noch so großer Übung bei 10 Haaren vielleicht nur 4—5 Mal getroffen wird, ist aus der Natur der Sache begreiflich. Ist aber die Einführung der Nadel richtig erfolgt und ist genügende Menge Strom verwendet worden, so folgt das behandelte Haar schmerzlos dem leichtesten Pinzettenzug und ist dauernd entfernt. Das Kromayersche Besteck hat 5 Nadeln, die zuerst eingeführt, alle fünf gleichzeitig unter Strom gesetzt werden. Man achte darauf, daß die einzelnen Nadeln ungefähr $\frac{1}{2}$ Zentimeter von einander appliziert werden, damit nicht in der Tiefe gesetzte kleine Nekrosen zusammenfließen und schließlich an der Oberfläche doch eine deutliche Einsenkung restiert. Bei einem Effekte von 40—50 Haaren auf Hundert müssen die nachwachsenden 60 bis 50% ein zweites Mal und die neuerdings nicht getroffenen ein drittes, eventuell ein viertes Mal behandelt werden. Man erkennt daraus, daß die Behandlung mit Elektrolyse eine langwierige, Geduld erfordernde und kostspielige Therapie darstellt. Man vergesse auch nicht, daß bei wiederholten Behandlungen in der Tiefe des Dermas doch kleine Narbenzüge entstehen, durch die die einzelnen Haarfollikel ihren geradlinigen Verlauf einbüßen und infolgedessen die Papillen immer schwerer zu treffen sind. Ausgedehnte Hypertrichosis wird kaum jemals auf diese Weise behandelt werden können, da Jahre hiezu erforderlich wären. Es kommen nur über dem Kinn inselförmige, relativ wenige Haare oder im Sinus mammae lokalisierte Hypertrichosis für diese Behandlungsmethode in Betracht.

Praktischer und rascher durchführbar ist die Behandlung der zirkumskripten Hypertrichosis mit dem E l e k t r o - K o a g u l a t i o n s s t r o m des Diathermie-Apparates. Diese Therapie wird allerdings nur einer kleinen Gruppe von Ärzten möglich sein. Die Behandlung selbst wird dadurch einfach, daß man vorher in die Haarfollikel allerdünnste Elektrolyse-Nadeln (Abbildung 9) einschiebt und mit der Spitze bis zur Haarpapille vordringt. Man kann so 20—30 Nadeln gleichzeitig verwenden, nur sollen sie Abstände von $\frac{1}{2}$ Zentimeter von einander haben. Stecken alle Nadeln, so berührt man mit der Elektrode des Diathermie-Apparates jede einzelne Nadel solange, bis die Elektro-Koagulation in der Tiefe die Haarwurzel zerstört hat. Die Stärke und Dauer der Stromeinwirkung erprobe man an einzelnen Haaren vorher aus. Bei dieser Prozedur wird die Nekrose bloß an der Nadelspitze gesetzt, so daß die Zerstörung des Elektro-Koagulationsstromes die Haut niemals trifft; es sei denn, daß eine der eingeführten Nadeln aus dem Follikeltrichter nach außen gleitet, und die Spitze in die Höhe des Integuments kommt. Das zeigt sich bei der Arbeit sofort, indem an dieser Stelle bei Einführung des Stromes die Haut um die Nadel herum augenblicklich anämisch oder sogar nekrotisch wird, während bei richtiger Nadelposition in der Haut gar keine Veränderung sichtbar wird. Die Resultate dieser Methode sind insoweit bedeutend günstiger, als die Arbeit eine viel raschere ist und die Durchführung absolut narbenlos möglich ist.

Was die Epilation mit Röntgen und Radium anlangt, so überlasse man sie nur Fachmännern. Die Dosierung der zu applizierenden Strahlenmenge muß so hoch sein, daß die Papillen geschädigt werden, muß so gefiltert und so klein sein, daß die Haut auch in der späteren Folge keinen Schaden erleide. Das sind zwei so schwer zu erfüllende Forderungen, daß nur der in dieser Therapie vollständig Geübte sie wagen soll. Im Übrigen kommen diese beiden Therapien niemals über der Parotis und niemals über der Oberlippe zur Verwendung, da bei der Notwendigkeit der gefilterten Tiefenwirkung die Schädigung der Parotis und die Schädigung der Gingiva und des Alvolearfortsatzes zu leicht möglich ist. Es kommen also hier nur Behandlungen über dem Kinn in Betracht. Man vergesse auch nicht, daß Röntgen und Radium Telcangiectasien und Pigmentierungen selbst nach 10 und 15 Jahren noch hervorkommen lassen, ohne daß eine Röntgendermatitis je bestanden hat.

Eine übermäßige Behaarung an anderen Körperstellen, wie z. B. an den Armen, an den Ober- und Unterschenkeln, in der oberen Rückengegend ist in der Zeit des Sportes auch öfters Ursache der Intervention. Für so ausgedehnte Hypertrichosis ist nur die Depilation mit den chemischen Enthaarungsmitteln zu empfehlen. Gelegentlich begnügt sich eine Dame auch mit der Wasserstoff-Entfärbung dunkler Haare.

Rp. Perhydrol Merck 6.0, Lanolin 60.0; M. F. ung.; S. Bleichsalbe

Oder:

Rp. Hydrogenii superoxyd. offic. 20.0, Aqu. rosar. 40.0; D. S. Mit einem Schwämmchen täglich zu verreiben.

Dem Goldglanz entfärbter Haare in der Sonne kann man durch leichte Einfettung und nachträgliche Puderung zum Teile begegnen.

Die Hypertrichosis irritativa nach intensiver Sonnenbeleuchtung, nach Gipsverbänden zu besprechen, erübrigt sich, da sie nach Aufhören der Ursache von selbst wieder schwindet. Dasselbe gilt von der Hypertrichosis infolge Gravidität. Die neurotische Behaarung nach Lähmungserscheinungen fällt nicht mehr in das Gebiet des Kosmetikers.

Nagelerkrankungen.

Wenn noch etwas über die Kosmetik der Nägel gesagt werden soll, weil pathologische Veränderungen hier besonders stören, so scheiden im Rahmen dieses Büchleins Nagelerkrankungen als Teilerscheinungen schwerer Allgemeinerkrankungen aus. Auch alle übrigen Nagelaffektionen können nur kurz gefaßt erwähnt werden. Dabei sei vorweg genommen, daß die Therapie bei den meisten dieser Erkrankungen nicht sehr aussichtsreich ist.

So ist es selbstverständlich, daß wir bei einer Anonychie, handelt es sich um einen angeborenen oder akquirierten Nageldefekt, nichts leisten können. Auch die Onychogryphosis, jene exzessive Nagelverdickung, die krallenartig und gekrümmt in der Regel nur den Großzehen-Nagel befällt, ist unbehandelbar. Man kann den massigen Krallnagel wohl kürzen, abfeilen, aber er wird sich in gleicher Form immer wieder bilden. Die auf den vorderen Anteil der Nagelplatte lokalisierte Ablösung des Nagels ist mechanisch bedingt und in der Regel nur auf einzelne Finger beschränkt. Sie kommt meistens nur bei Wäscherinnen vor und ist nicht heilbar, wenn nicht die Ursache, die entsprechende Arbeit, unterlassen wird. Seitliche Abhebungen der Nagelplatte führen zur sogenannten Koilonychie. Der vordere freie Rand und die seitlichen Ränder des Nagels sind höher, so daß die ganze Nagelplatte anstatt konvex, konkav geformt erscheint. Eine Aussicht gebende Therapie ist nicht bekannt. Man kann wohl mit Pflaster versuchen, die sich erhebenden Nagelränder nieder zu drücken, doch ist der Effekt gering.

Häufiger sind weiße Pünktchen und Querstreifen der Nagelplatten. Sie sind als Leukonychia bekannt. Die Affektion ist durch Eindringen von Luftbläschen in die Hornmasse des Nagels bedingt und zum Teil auf Verletzungen zurückzuführen, die beim Zurückschieben des Nageloberhäutchens zustande kommen. Man sieht sie dann meistens ebenso konkav nach vorne verlaufen, wie den proximalen Nagelfalz. Aber sie kommen auch ohne nachweisbare Ursache vor. Im ersten Falle schwinden die weißen Flecken bei vorsichtigerer Nagelpflege von selbst, d. h. die einmal gesetzten Flecken bleiben bestehen, nur bilden sich keine neuen. Im letzteren Falle sind wir völlig machtlos gegen den kosmetischen Fehler. Andere Nagelverfärbungen sind durch chemische Veränderungen bedingt. Es ist schon im

Allgemeinen Teil gesagt worden, daß Blei oder Quecksilber enthaltende Mittel bei längerer Einwirkung Gelb- oder Braunfärbungen der Nagelplatten verursachen; der Nagel enthält Schwefel und so entsteht Schwefel-Blei oder Schwefel-Quecksilber, die beide schwarz sind. Schutz des Nagels vor der Einwirkung der genannten Präparate (Empl. sapon. salicyl., Diachylon, Sublimat), Abschaben der oberflächlichen Schicht der Nagelplatte entfernen die Verfärbung. Bei Ikterus erscheinen die Nägel gelb, bei Zyanose bläulich, subunguale Blutungen lassen den Nagel schwarz-blau erscheinen.

Die Brüchigkeit der Nägel (Onychorrhexis) ist selten. Wir wissen über die Erkrankung so gut wie nichts. Mitunter scheint sie familiär vorzukommen. In manchen Fällen gewinnt man den Eindruck der trophischen Störung. Klinisch entstehen tiefreichende Längsfurchen, die den Nagel auflockern und zu dessen Konsistenzverminderung führen. Therapeutisch ist nicht viel zu erreichen. Man versuche, die Nägel mit

Rp. Glycerini 20.0, Alumnis 6.0, Aq. dest. 60.0

zu pinseln, oder mit in diese Flüssigkeit getauchten Wattebäuschchen zeitweise zu belegen. Danach werden die Nägel poliert, wozu man

Rp. Zinci oxydati 10.0, Talci Veneti 4.0; M. F. pulvis.

verwendet. Das Polieren selbst führt man mit einem Woll- oder Rehlederlappen durch.

Von den Furchenbildungen der Nägel gibt es längs- und querverlaufende. Die Längsfurchen bleiben fast immer bestehen und sind durch nichts entfernbar; sie dürften zum Teil Verletzungen der Nagel-Matrix entsprechen, die traumatisch oder durch ständigen Druck entstanden sind. Man sieht solche Längsfurchen mit Kanellierungen, z. B. bei Fibromen des Nagelfalzes, wie sie als Teilerscheinung des Morbus Recklinghausen vorkommen. Die Querfurchen sind viel gutartiger. Sie entsprechen temporären Ernährungsstörungen der Nagelmatrix und können durch verschiedentliche Ursachen bedingt sein. Es kommen hier Allgemeinerkrankungen mit hohem Fieber, irgend welche akute Vergiftungen, Narkosen, Schockwirkungen in Betracht. Sie sind als Beausche Linien bekannt. Eine Therapie erübrigt sich, da diese Querfurchen mit dem Nagel nach vorne wachsen und schließlich abgeschnitten werden.

Ziemlich oft wird man wegen vereinzelter oder dichtstehender G r ü b c h e n b i l d u n g der Nagelplatten konsultiert. Diese Erscheinungen dürften verschiedene Ursachen haben. Eine der häufigsten ist die Psoriasis der Nagelmatrix. Die Psoriasis des Nagelfalzes äußert sich durch Abhebung des seitlichen Nagelrandes mit Hyper-, respektive Parakeratotis subungualis. Ist das ganze Nagelbett psoriatisch verändert, dann kommt es zu schweren subungualen Hyperkeratosen. Der therapeutische Eingriff kann hier nur durch Röntgenbestrahlungen der Nagelmatrix und des Nagelbettes, also der ganzen Endphalanx effektvoll werden, doch sei man mit diesem Rat vorsichtig, da die Psoriasis des Nagelbettes ebenso rezidiviert, wie die Psoriasis der übrigen Haut. Oftmalige Röntgenisierungen summieren sich schließlich und ergeben eine Atrophie mit Erscheinungen des endlichen Nagelverlustes. Dazu kommen außerdem die spezifischen Röntgenhautveränderungen: Atrophie, Pigmentverschiebungen, Teleangiektasien der Haut der Endphalanx. Andere Mittel, die Nagel-Psoriasis möglichst zu kaschieren, wären die Abschabung oder Abfeilung und Polierung der Nagelplatte mit Ausfüllung der Grübchen mit einem Nagelemail. Man kann dazu

Rp. Cerae albae 2.5, Paraffini solidi 5.0, Chloroformi 80.0; S. Nagel-Email.

verordnen. Die seitliche Nagelfalz-Psoriasis ist anders denn mit Röntgen nur sehr schwer zu beheben: Seifen-Fingerbäder, mechanische Entfernung der Hyperkeratosen vereinigt mit Einfettungen von 20%igen weißen Quecksilberpräzipitat-Salben geben, lange Zeit verwendet, einen gewissen Erfolg.

Ein äußerst störendes Aussehen verursachen alle P i l z a f f e k t i o n e n der Nägel (O n y c h o m y k o s e n). Sie sind allerdings selten; man sieht sie an vereinzelten, aber auch an allen Fingernägeln. An den Zehennägeln werden sie öfter gefunden, entsprechend dem häufigeren Vorkommen der Epidermophytien der Zehen und Interdigital-Stellen. Klinisch sind die Nägel völlig aufgelöst, zerfasert, zerbröckelt. Eine sichere Diagnose ist nur mikroskopisch zu stellen. Wenn man Nagelgeschabsel mit 30—50%iger Kalilauge auf dem Objektträger kocht, so werden — wenn nicht sofort — so doch nach längerer Einwirkung der Kalilauge auf die Nagelgeschabsel die Myzelien und Sporen der Pilze sichtbar. In solchen Fällen helfen radikal nur eingreifende Methoden der Behandlung: Chirurgische oder röntgenologische Nagelentfernung ist absolut nötig. Langdauernde Nagelbettdesinfektion mit Tinctura jodi, ebenso wie bei der Kopf-Trichophytie, müssen vorgenommen werden.

Das Nagelekzem ist stets die Folge eines Ekzems der Haut der Endphalange. Es äußert sich durch Unebenheiten und Schilferungen, durch Dystrophie des Nagels infolge der Erkrankung des Nagelbettes. Zumeist sind es chronische Formen. Die Therapie fällt mit jener der Hauterkrankung zusammen. Die Unebenheiten der Nagelplatte, die erst Monate nach Abheilen des Hautekzems durch Vorwachsen und Abschneiden des freien Nagelrandes schwinden, kann man nur mechanisch mit Feilen, Poliermitteln, Polierpulvern bessern. Bei der Behandlung der Onychorrhexis ist ein solches Polierpulver angegeben (Seite 119). Statt Zinc. oxydatum ist auch Stannum oxydatum als Poliermittel verwendbar.

Rp. Stanni oxydati 10.0, Talci Venoti 4.0, Olei lavandulae seu Olei rosarum guttam; M. F. pulvis; S. Nagelpolierpulver.

Scharf poliert:

Rp. Stanni oxydati 4.0, Lapid. pomicis pulveris. 6.0.

Man kann auch Polierpasten aus Zinkoxyd., Kieselgur und etwas Fett zusammensetzen.

Rp. Zinci oxydati 3.0, Siliceae (Kieselgur) 2.0, Cerae albae 0.5, Paraffini solidi 2.0, Paraffini liquid. q. s., ut fiat pasta; S. Nagelpolierpaste.

Jeder Dermatologe weiß, daß Ekzematiker, die sich lange mit Zinkpaste einfetten, mit der Zeit glänzend polierte Nägel bekommen.

Nachträgliches Überlackieren wird mitunter verlangt. Abgesehen von vielen guten Fertigpräparaten, die die Parfümerie darstellt, seien auch hier Zusammenstellungen für Lackmischungen angegeben, die meistens mit Zelluloid dargestellt werden.

Rp. Celluloid 0.6, Äther. sulf. 1.0, Camphorae 0.6, Spir. vini conc. 8.0,

oder

Rp. Celluloid 0.5, Amylacetat 4.5, Aceton, Spir. vini conc. aa 2.5,

oder

Rp. Cerae albae, Resinae Laccae aa 1.0, Spir. vini conc. 5.0, Äther. sulf. 3.0.

Bereitungsweise: Der Gummilack wird im warmen Alkohol

gelöst, erkaltet und die Ätherwachslösung zugegossen. (Nach Dr. Fred. Winter.)

Ein kleines, aber lästiges Übel sind die Neidnägel, die sogenannten Nagelwurzeln. Sie entstehen durch kleine Einrisse des Nagelbettes bei mangelnder Pflege und zu starker Verhornung des Oberhäutchens. Diese Einrisse setzen sich auf den Nagelwall fort und bilden hier kleine Epidermisfetzchen, die als Eingangspforten für gewisse Infektionen wie Lues, Tuberkulose, Warzen beachtenswert sind. Ihre mechanische Entfernung mit der Schere bringt nur vorübergehende Besserung. Eine endgültige Heilung erzielt man mit kleinen Kohlensäureschneedosen von 3 bis 5 Sekunden. Wenn man die direkte Einwirkung des Kohlensäureschneestiftes meiden will, so verwende man den Kohlensäureschnee mit Azeton oder Äther gemischt zu Pinselungen.

Paronychien entstehen fast stets durch Infektion. Die akuten bedürfen zumeist chirurgischen Eingriffes. Für das vorliegende Gebiet wichtiger sind die chronischen; auch sie sind meistens durch Bakterien oder Pilze bedingt. Bei diesen chronischen Formen finden sich klinisch neben Rötung, Schwellung und Schmerzhaftigkeit des Nagelwalles geringe Suppuration aus dem Nagelfalz und oftmals fleckige, streifige oder totale Schwarzfärbung der Nagelplatte mit Oberflächenveränderungen. Die Affektion kann recht langwierig sein und Monate, selbst Jahre dauern. Die beste Therapie scheint mit kleindosigen, gefilterten und ungefilterten Radiumbestrahlungen gegeben zu sein. Röntgen wirkt ähnlich. Dort, wo Radium und Röntgen nicht vorhanden sind, können 1%ige Seifenbäder einen teilweisen Ersatz bieten. Man bade täglich ein bis zweimal in möglichst heißem Seifenfingerbad ungefähr eine Stunde. Bei stärkerer Eiterung aus dem Nagelfalz sind Stopfungen mit 10%iger Xeroform-Gaze von Nutzen. Besonders zu erwähnen ist die Paronychie der Zuckerbäcker, die infolge intensiver Manipulation mit Zucker, der bei ungenügender Reinigung im Nagelfalz liegen bleibt, oft Pilzinfektionen unterworfen sind und so eine ganz bestimmte Form der Paronychie aufweisen. Zeitweises Aussetzen vom Beruf, stets gründlichste Reinigung des Nagelfalzes nebst obengenannter symptomatischer Behandlung mit heißen Bädern und Stopfungen bringt das Krankheitsbild zur Erledigung.

Als kleinste, kaum beachtete Geschwürchen, die sich an Verletzungen beim Maniküren anschließen, sind luetische Primäraffekte bekannt. Man denke bei schlecht heilenden Verletzungen des Nagelwalles immer an die Sklerose. Eine intensiv geschwollene, schmerzlose Drüse in der Kubitalregion klärt den vorher unscheinbaren Befund auf. Mitunter können Sklerosen auch über münzengroße Geschwüre der Endphalanx oder des Nagelwalles darstellen, die gelegentlich sehr schmerzhaft sein können. Ebenso können luetische Papeln, also Produkte der Sekundärperiode an den genannten Stellen große, zerfallene, schmerzhafte Infiltrate darstellen.

Die Tuberkulose des Nagelwalles soll hier nur deshalb genannt sein, weil sie gewöhnlich in der Form der Tuberculosis verrucosa.cutis auftritt, die als solche leicht mit einer Verruca vulgaris verwechselt werden kann. Die Eiterung ist bei der oftmaligen Waschung dieser Lokalisationsstelle der Tuberkulose geringer als sonst, und die Schmerzhaftigkeit kann mit der einer gewöhnlichen Warze ziemlich gleich sein. Differentialdiagnostisch ist das periphere Infiltrat und die zyanotische Farbe der Tuberculosis verrucosa cutis, sowie die oft konkommittierende Lymphangitis tuberculosa verwertbar. Therapeutisch kommt chirurgische Entfernung oder Bestrahlung mit Röntgen oder Radium als Bestes in Frage. Andere Affektionen des Nagelwalles und Nagelbettes, wie gut- oder bösartige Tumoren, Granulationsgeschwülste, Raynaudsche Erkrankung, Sklerodermie usw. müssen unbesprochen bleiben.

Das Färben der Haare.

Zeit und Mode erfordern es mitunter, die dem Individuum von Natur gegebene Haarfarbe durch andere, künstliche, zu ersetzen. Es gibt auch Frauen, denen es ein Bedürfnis ist, ihre Haarfarbe von Zeit zu Zeit zu ändern. Man kann darüber denken wie man will; aber es wird gefordert. Von solchen mondänen Damen wird allerdings der Arzt nur selten befragt; sie wenden sich an ihren Friseur.

Zur Erzielung einer guten Haarfärbung sind zwei Dinge nötig: Ein ausgezeichnetes Farbmittel und eine geübte Hand, die mit der Applikation der Mittel fachgemäß vollkommen vertraut ist. Kein Arzt wird selbst die nötige Praxis haben, und auch die besten Ratschläge werden es nicht ermöglichen, eine Färbung der Haare zur wirklichen Zufriedenheit der Trägerin oder auch des Trägers durchzuführen. Keine Frau wird zufrieden sein, wenn sie auch die besten Haarfärbemittel anwendet; ungleichmäßige Färbestellen, Nachdunkeln, streifenförmige Verfärbungen, Mißfarben, vielfärbiger Metallschimmer der Haare machen es in der Regel notwendig, so rasch als möglich einen im Haarfärben versierten Friseur aufzusuchen, um den Schaden wieder gut zu machen. Es sollten sich also alle, die entsprechende Wünsche haben, nur durch einen wirklich fachkundigen, in diesem Spezialfache best bewanderten Friseur färben lassen.

Man kann alle Farbtöne von Blond bis Schwarz erzeugen, nur die Weißfärbung macht Schwierigkeiten; ein reines Weiß ist nur allmählich oder überhaupt nicht zu erzielen. Keine Haarfärbung hält länger als vier Wochen, dann muß sie erneuert werden; sie muß es schon deshalb, weil die nachkommenden Haare naturgemäß nachgefärbt werden müssen. Man macht auch die Erfahrung, daß dieselben Färbungen, von der gleichen Hand durchgeführt, nicht bei allen gleich gute Resultate geben; die Individualität des Haares spielt mit eine Rolle.

Die verwendeten Haarfärbemittel sind organische und anorganische. Von den organischen werden jetzt hauptsächlich Henna und Reng zum Teil mit, zum Teil ohne chemische Zusätze verwendet. Diese Färbungen sollen, wie gesagt, nur die Friseure durchführen.

Anders als mit der Mode steht es mit dem Ergrauen der Haare. Mode-Angelegenheiten können nur Sache der Reichen sein. Wenn aber ein Kellner, eine Lehrerin oder sonst Menschen, die nicht über überflüssige Mittel verfügen, wenn solche Menschen ergrauen und den Arzt befragen, wie sie sich helfen könnten, deswegen, weil sie ihres Berufes wegen noch relativ jung aussehen sollen, dann soll der Arzt über ein Mittel verfügen, das ihm einen Rat gestattet. Man kann in derlei Fällen mit Kalium oder Natrium hypermanganicum oder mit Nußöl eine Braunfärbung der Haare erzielen, die allerdings nicht sehr haltbar ist, aber doch einfachen Menschen über manches hinweghilft.

Bevor das Färbemittel auf das Haar aufgetragen wird, ist es nötig, das Haar mit Seife, der man eine kleine Menge Natrium bicarbonicum zur besseren Entfettung zusetzt, zu waschen. Das gewaschene Haar wird dann mit einem gut gereinigten, fettfreien Kamm gekämmt und die Haarfarbe mit einer Bürste aufgetragen. Zur restlosen Einwirkung des Haarfärbemittels ist es vorteilhaft, von der Haarspitze gegen die Kopfhaut zu streichen. Wenn das Haar getrocknet ist, wird es mit lauem Wasser gut abgespült, neuerdings getrocknet und dann mit ganz wenig Brillantin eingefettet.

Zur Kastanienbraunfärbung kann man verwenden

Rp. Natri permanganic. 30.0, Aq. destill. 200.0 und
Rp. Acid. pyrogall. 7.0, Aq. destill. 200.0.

Zur dunkleren Braunfärbung

Rp. Natri. permanganic. 60.0, Aq. destill. 200.0 und
Rp. Acid. pyrogall. 10.0, Aq. destill. 200.0.

Die Färbung wird zweizeitig gemacht. Man beize die Haare mit dem Pyrogallus vor. Nach Trocknung der Pyrogalluslösung wird das Mangansalz aufgetragen. Die ganze Prozedur muß ungemein vorsichtig durchgeführt werden. Man vergesse nicht, daß sich die Kopfhaut ebenfalls mitbräunt und daß die manipulierenden Finger selbstredend von der ganzen Braunfärbung in Mitleidenschaft gezogen werden. Um nun diesen Schaden wenigstens zu verringern, arbeite man mit Gummihandschuhen. Anderenfalls diene zur Reinigung der Hände möglichst sofort nach der Färbung vorerst eine Waschung mit 10%iger wässeriger Ferrum-sulfuricum-Lösung und nachträglich mit einer 3%igen wässerigen Acidum-oxalicum-Lösung (Gift!). Darnach werden die Hände mit Wasser und Seife gewaschen.

Will man mit Nußöl oder Nußextrakt färben, so bürste man damit die Haare täglich wieder von der Spitze gegen die Kopfhaut. Die Färbung ist so wenig haltbar, daß sie von Vielen für praktisch wertlos gehalten wird, immerhin tut sie doch manchem genügend Dienst.

Was die Herstellung des Nuß-Extraktes anlangt, so bereite man ihn wie folgt: Zerkleinerte, grüne Nuß-Schalen werden mit einer Mischung von 2 Teilen Wasser und 1 Teil Ammoniak extrahiert. Der Auszug wird bis zur Sirup-Konsistenz eingedampft und dann 2 Teile dieses Extraktes mit 1 Teil parfümierten Wassers versetzt (Max Joseph). Von zwei Vorschriften für Nußöl (Dr. Fred Winter) nimmt die eine grüne, frische Nußschalen 100.0 auf Olivenöl 1000.0. Man digeriere bis zur Verdunstung des in den Schalen enthaltenen Wassers. Die andere nimmt 600.0 Olivenöl, 120.0 grüne Nuß-Schalen und 15.0 Alaun, die im Wasserbad digeriert werden.

Die Bleichung erreicht man mit einer Kamillen-Abkochung von 500.0 trockenen kleinen Kamillenblüten auf 1½ Liter Wassers. Man wäscht die Haare heiß damit und setzt sie dann möglichst der Sonne aus. Diese Behandlung braucht oftmalige Durchführung, will man nach längerer Zeit einen Effekt erzielen. Einfacher wird Wasserstoffsuperoxyd in stark wässeriger Verdünnung zum täglichen Durchbürsten verwendet. Man nimmt etwa 1 Teil Wasserstoff und 10 Teile Wasser. Die Haare werden dadurch mit der Zeit brüchig. Es ist deshalb eine Einfettung mit Brillantin hin und wieder notwendig.

Runzeln und Altersfalten, das Altern überhaupt.

Einen alternden Menschen organisch jung zu machen, ist unmöglich. Alle die Versuche, gesunde, alternde Organe im Menschen zu verjüngen, sind kläglich gescheitert. Hier haben wir bloß von der Haut zu sprechen. Die Haut ist zwar ein Teil des Gesamtorganismus (Konstitution), immerhin hat sie auch ihr eigenes Leben, wenn man so sagen darf. Deshalb zeigt die Haut des einen früher Symptome des Alters als die des andern. Man findet oft bei jungen Menschen schon Falten und Runzeln des Gesichtes. Hier sind Degenerationsvorgänge im Bindegewebe und im elastischen Fasersysteme die Ursache. Klinisch äußert sich das nicht nur in einer Faltenbildung der Haut, sondern auch in geringeren oder stärkeren Pigmentverschiebungen und kleinen Gefäß-Ektasierungen. Es kommt zu Symptomen, die wir dem Bilde der Seemannshaut vergleichen können. Daß wir derartige Degenerationsvorgänge, speziell im Gesicht und im Decolleté noch junger Damen heute häufiger beobachten als ehedem, hat seinen Grund in oft übermäßig betriebenem Sport. Es ist selbstverständlich, daß eine junge Dame ihre Haut nicht schont, wenn sie sich übermäßig Wind und Wetter aussetzt, Ski fährt, Auto fährt, fliegt und intensive Sonnenbestrahlungen, besonders in Gletscherhöhe durchmacht. Alle diese krassen, oft rasch hintereinander folgenden extremen Witterungs-Einflüsse können für die Haut nicht einerlei sein. Es soll damit gar nichts gegen den Sport gesagt sein, doch forcierte sportliche Betätigung mit angestrebten Spitzenleistungen ist für die Haut ruinös. Damit schon erklärt sich, daß gegen solche Fälle jede Therapie machtlos ist. Degeneriertes Bindegewebe, degeneriertes elastisches Faserwerk kann durch nichts aufgefrischt werden. Da helfen Massagen, da helfen noch so marktschreierisch angepriesene „Nähr"-Salben nichts. Natürlich können Massagen auf einige Stunden vielleicht eine etwas bessere Blutdurchfließung der Haut verursachen, aber dann ist wieder jeder Effekt vorbei. Ebenso können leichte Entzündungen, wie man sie mit Höhensonne, mit Wasserstoffsuperoxyd-Seifen erzielen kann, die Haut ein wenig anschwellen und die Falten damit auf einige Stunden verschwinden lassen, aber das sind alles nur kurz dauernde Täuschungen. Sollen Gesichtsfalten schwinden, so kann man nur das Plus der Haut durch Exzision entfernen. Das ist im allgemeinen nicht mehr Sache des praktischen Arztes. Immerhin, wer sich hiezu berufen fühlt, braucht dazu keine Anleitungen. Es sei hier nur gesagt, daß auch der Effekt solcher Spannungsoperationen, die selbstredend an nicht sichtbare Stelle verlegt werden müssen, nur einige Jahre währt, dann ist der alte Zustand zurückgekehrt und die Operation muß wiederholt werden.

Daß alternde Menschen durch Keimdrüsen-Präparate oder Arsen auf einige Zeit frischer, arbeitsfreudiger, besser aussehend gemacht werden können, sei nicht bezweifelt; aber auch diese Freude währt nicht lange. Wir können oftmals kranke Menschen gesund, niemals aber alte Menschen jung machen.

Sachverzeichnis.

(C siehe auch K und Z)

Verlag von Julius Springer, **Berlin und Wien.**

Handbuch der gesamten Parfümerie und Kosmetik. Eine wissenschaftlich-praktische Darstellung der **modernen Parfümerie**, einschließlich der Herstellung der Toiletteseifen nebst einem Abriß der angewandten Kosmetik. Von Dr. **Fred Winter**, Wien. Mit 138 Abbildungen im Text. VIII, 947 Seiten. 1927. Gebunden RM 69.—

Aus den Besprechungen:

.... Der erste Teil des Buches behandelt die Ausgangsmaterialien der Parfümerie und Kosmetik, unter diesen in erster Linie die Riechstoffe und Fette sowie anorganische Körper, Drogen und Farbstoffe. Besonders interessant ist der Teil über die praktische Parfümerie, der dem kosmetisch arbeitenden Arzt neben einer ausgezeichneten Beschreibung der Grundformen und Herstellungsmethoden kosmetischer Präparate eine ganze Reihe in der Rezeptur verwendbare Vorschriften zur Verfügung stellt. ... Im Abschnitt „Die Toiletteseifen" hat es Winter verstanden, auf etwa 140 Seiten einen ausgezeichneten Überblick über das Gebiet der gesamten Seifenfabrikation zu geben, der besonders dem Arzt bei der Beurteilung der Qualität medizinischer Seifen willkommen sein wird. Das Kapitel „Angewandte Kosmetik", in dem Diagnose und Therapie zahlreicher kosmetischer Hauterkrankungen behandelt werden und in deren Rezeptformel die Verf. der verschiedensten Lager zu Worte kommen, beschließt dieses Buch, welches wegen seiner knappen, klaren Darstellung, seines reichhaltigen Materials und seines flüssigen Stils dem Praktiker angelegentlichst empfohlen werden kann.

„Dermatologische Wochenschrift"

Kosmetik. Von Dr. **Edmund Saalfeld**, Sanitätsrat in Berlin. Ein Leitfaden für praktische Ärzte. Sechste, verbesserte Auflage. Mit 20 Abbildungen. IV, 136 Seiten. 1922. RM 4.—

Aus den Besprechungen:

In der vorliegenden 6. Auflage der bekannten, in Buchform erschienenen Vorträge sind im Rahmen der alten bewahrten Form alle Neuerungen auf dem Gebiet der Kosmetik berücksichtigt. Die weitere Anwendung der Elektrolyse, des Radiums, Mesothoriums, Kohlensäureschnees u. a. finden in der dem Autor eigenen präzisen Art entsprechende Würdigung. Jedem Arzte, der sich für dieses Teilgebiet der wissenschaftlichen Dermatologie interessiert, ist das Büchlein wärmstens zu empfehlen.

„Zentralblatt für Haut- und Geschlechtskrankheiten".

Kosmetische Mittel. („Das österreichische Lebensmittelbuch", 13. Heft.) 50 Seiten. 1929. RM 3.60

Die medikamentösen Seifen. Von Dr. **Walter Schrauth.** Ihre Herstellung und Bedeutung unter Berücksichtigung der zwischen Medikament und Seifengrundlage möglichen chemischen Wechselbeziehungen. Ein Handbuch für Chemiker, Seifenfabrikanten, Apotheker und Ärzte. VI, 170 Seiten. 1914. RM 6.30

Hautkrankheiten. Von Dr. **Georg Alexander Rost,** o. Professor der Dermatologie und Direktor der Universitätshautklinik in Freiburg im Breisgau. („Fachbücher für Ärzte" Band XII, herausgegeben von der Schriftleitung der Klinischen Wochenschrift.) Mit 104 zum großen Teil farbigen Abbildungen. X, 406 Seiten. 1926. Gebunden RM 30.—

Die Bezieher der „Klinischen Wochenschrift" erhalten die „Fachbücher" mit einem Nachlaß von 10%.